滨海核电外部海洋环境安全管理研究

吴 琼 著

中国海洋大学出版社
·青岛·

图书在版编目(CIP)数据

滨海核电外部海洋环境安全管理研究 / 吴琼著 . —青岛:中国海洋大学出版社，2017. 5

ISBN 978-7-5670-1424-4

Ⅰ. ①滨… Ⅱ. ①吴… Ⅲ. ①核电厂－海洋环境－环境管理－研究 Ⅳ. ① TM623.8

中国版本图书馆 CIP 数据核字(2017)第 095649 号

出版发行	中国海洋大学出版社		
社　　址	青岛市香港东路 23 号	邮政编码	266071
出 版 人	杨立敏		
网　　址	http://www.ouc-press.com		
订购电话	0532-82032573（传真）		
责任编辑	王　晓	电　话	0532-85901092
印　　制	日照日报印务中心		
版　　次	2017 年 11 月第 1 版		
印　　次	2017 年 11 月第 1 次印刷		
成品尺寸	170 mm × 230 mm		
印　　张	9. 25		
字　　数	152 千		
印　　数	1～1 000		
定　　价	25. 00 元		

发现印装质量问题，请致电 0633-2298957，由印刷厂负责调换。

序

利用原子核内部蕴藏的能量所产生的电能称为核电。自1951年12月美国实验增殖堆1号(EBR-1)首次利用核能发电以来，世界核电至今已有近70年的发展历史，且目前核能总发电量占据全世界总电力的17%。

中国是世界上能源生产和消耗的大国之一，多年来，中国的能源生产和消耗总量在世界上排名第二。越来越多的人认识到，核能是当前能够替代化石能源且有可能大规模发展的唯一现实可行的清洁能源。核能能量密度高，1 kg 235U裂变放出的能量等于2 500吨标准煤燃烧产生的能量，由此可以看出核能的利用可大大减少温室气体的排放，有效改善生态环境。

由于核电在运行过程中需要大量的水作为冷却用水，因此我国核电多建设在滨海地区。在滨海核电建设加速发展的今天，核电不仅给人类带来了能源和便捷，也给人类带来了一定的担忧和恐惧。尤其在日本福岛核事故发生之后，世界掀起一股“去核潮”。在此背景下，展开滨海核电外部海洋环境管理研究，对滨海核电的健康、稳定和有序发展具有重要意义。

作者所在的课题组，自20世纪80年代便开始服务于滨海核电建设的初期论证工作，在设计基准洪水位、海洋功能区划调整、海洋环境影响评价及海域使用论证方面做了大量的工作。在导师的指导下，作者一直在进行滨海核电外部海洋环境安全管理的研究，并在博士论文的基础上，写成《滨海核电外部海洋环境管理研究》一书。该书将设计基准洪水位、废液排放管理和地震海啸风险管理以及后评估等方面作为滨海核电海洋外部环境管理的研究目标。作者从安全防洪的管理角度，对现有设计基准洪水位的计算方法进行了全面评述，指出潮汐和波浪现有的观测方法及观测点选取的客观局限性，给基准洪水位计算带来诸多不确定因素，据此引入海水高度的概念，提出“同步高度法”来计算基准洪水位，以期消除现有观测资料系列的不同步性。同时，本书还从海洋生态保护角度，对滨海核电废液排放计算方法提出改进；从安全角度，对地震海啸进行估算与预测等。作者进一步指出，30多年来，虽然我国核电在诸多方面取得大量经验和成绩，但还存在法制不全、观测资料积累不足等问题。作者从我国滨海核电外部海洋环境安全管理层面，引入“后评估”管理理念。希望滨海核电的管理形成一个由前期论证、选址与建设、安全运营、后评估管理组成的一个闭合回路，加强法制建设、增加基础科学研究、建立健全观测体系等措施，以期保证滨海核电健康、稳定、安全和可持续发展，同时也是践行科学发展观，推进生态文明建设的内在要求。

尽管在该书的编写过程中，作者吸收很多同行宝贵的方法与研究成果，但是，由于专业水平有限，本书一定会存在不足与缺点，恳请读者提出斧正。

郭佩芳　侍茂崇

2017年3月

Contents
目录

第1章 前 言

1.1 研究背景和意义

能源是人类赖以生存与经济发展的基本物质之一，是国民经济的血脉。从历史发展的角度和全球视野来看，世界各国在完成自身的社会和工业化进程时，都有一个共同的特点，那就是必然要消耗大量的能源，从而达到社会财富的快速积累。目前，地球上的能源已随着人口的不断增加、世界经济高速持续的大规模发展而日渐匮乏。当下，能源短缺、环境污染、生态极度恶化等问题逐渐成为人类迫切需要面对的问题。随着世界经济的发展，能源供需矛盾已日渐尖锐，尤其是在经济较发达而能源相对匮乏的地区，能源供需矛盾已成为阻碍当地经济发展的重要瓶颈。

世界上的能源消费目前仍以化石资源为主。根据专家的科学预测，按已探明的石油、天然气的储量和世界每年所需消耗的数量来估算，石油、天然气最多只能维持不到50年，而煤炭资源也最多只能维持个一二百年。因此，当下人类所面临的能源危机已处于异常严峻的状态。虽然目前世界上许多国家已经在提高能源使用效率和开发利用可再生能源方面进行了积极探索和大量实践，但是从现实状况来看，依旧不能从根本上解决能源短缺及环境污染的问题。

核能作为一种清洁能源，与煤炭发电等传统能源相比，在经济和环境保护两方面占有绝对的优势。目前各国能源需求的高速增长导致化石资源短缺与环境承载力不堪重负，气候异常变化、环境污染严重等问题日益凸显。而核能作为一种新能源，在全球常规能源日渐减少的情况下，正好满足了当下全球能源市场的经济和环保需求，已逐步被全球所关注，日渐成为部分国家的主要能源供给方式。

与此同时，目前无核电的国家中，已有17个国家将核电建设提上重要议程。其中，阿联酋和白俄罗斯两个国家正在建设本国首批核电机组，而越南、孟加拉国、立陶宛、哈萨克斯坦、波兰、土耳其、埃及、约旦和印度9个无核国家已经计划建设本国首批核电机组，且预计在未来8至10年内投入运行。此外，还有6个国家即朝鲜、泰国、智利、沙特、马来西亚和以色列已有明确计划拟建本国核电机组。由此可见，在全球范围内核电的发展目前已明显升温，在可预见的未来，核电将成为世界能源供给的重要组成部分。根据世界核协会网站公布的资料，本书将2005年至2015年的世界核发电量进行了年统计，并绘制了近十年世界核发电量占全球总发电量的比例，见图1-1。从图中我们可以清楚地看出2015年世界核发电量总计大约为2 441 TWh。

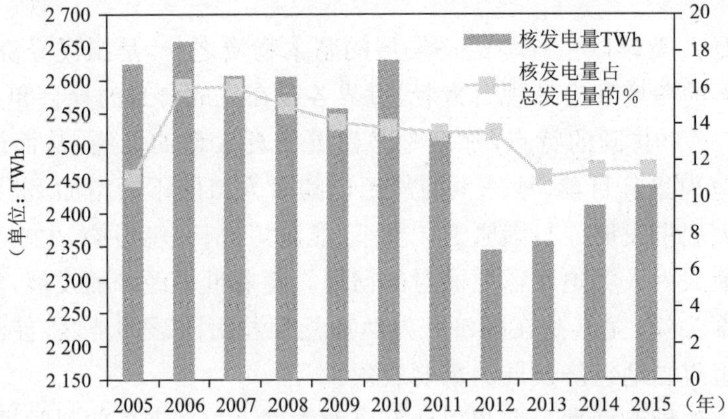

图1-1　全球近十年核发电量及占总发电量的份额

随着核能的再次发展与广泛利用，随之而来的便是核能的安全问题。核电站由于其特有的潜在放射性风险和几次核事故导致的对“核”的误解与恐慌，使得这些年来核安全问题异常敏感，且涉及社会和政治诸多方面。因此，确保核电企业的持续安全发展是核电发展最基本的出发点，也是核电企业生存的生命线。

根据世界核协会WNA的解释，核电安全主要是指核危机与放射性物质泄漏，但当下民众对核安全的理解重点放在因放射性物质泄漏而造成的环境污染和人类所遭受的核辐射方面。虽然核安全隐患不可彻底消除，但与传统的能源（石油、煤、天然气等）相比，正常情况下核能是最安全、对人类健康和生态环境损害最小的一种发电方式，尤其是在当下以降低温室气体的排放量为目标的大环境下。核电产业在运行过程中不会产生温室气体和酸雨，可以说是一种很好的可替代传统化石燃料的清洁能源。经过半个多世纪的发展，核电的生产技术已越来越成熟，其安全生产经验越来越丰富，加之核电发电成本的降低，核电逐步成为世界各国普遍关注并争先追求发展的能源战略目标[1]。

核能的最初发现是在 1942 年 12 月 2 日，美国芝加哥大学成功地启动了世界上第一座核反应堆，证明了实现受控核裂变链式反应的可能性。由于当时处于“二战”期间，这种超能量一经发现便被首先运用到了军事领域。1945 年美军向日本投放的两颗原子弹直接促成了日本的无条件投降，使得人们真正认识了“核”这个物质，并被原子核裂变所产生的巨大威力和其裂变过程中释放的辐射危害所震惊。然而，在核电发展过程中，切尔诺贝利、美国三里岛、日本福岛三座核电站所发生的事故又将核能发电推上了核恐怖舆论的风口浪尖，致使核电的发展曾一度缓慢甚至停滞。但由于能源短缺与经济发展、人类生存之间的现实矛盾，使得核电又被重新推上历史舞台，地位日益显要。当然，与此同时，更加被重视的就是核电的安全，即如何安全无害地利用核电、如何在核事故发生时将核辐射的影响控制到最低等，核安全问题成为摆在全人类面前的课题。对于核电站来说，最基本的要求就是保证反应堆的安全，其次才是提高核电站的经济性。毋庸置疑，核安全高于一切的理念应贯穿于核电站的设计、建造、运营等各个阶段和环节中，而核电站外部海洋环境的安全管理与推进则是核电站持续安全运营的重要因素，是核电站安全运行的基本保障。

在滨海核电建设加速发展的今天，核能发电已经使我国的经济社会发展发生了重大的改变，对滨海核电的外部海洋环境的安全管理展开相关研究可以更好地了解滨海核电安全管理现状及存在的问题，为今后滨海核电站的设计、建设、运营等提供科学的、有效的建议，对我国滨海核电的安全发展具有一定积极意义。

1.2 滨海核电外部海洋环境的界定

考虑到核电的用水需求，核电站多建设在河流区域或者海滨地区。本书的论述范围仅限于滨海核电厂。因滨海核电厂的选址、建设、运行以及废弃退役都会与外界海洋环境发生相互影响，因此本书主要从海洋环境的角度出发，从中选取四个要素的管理现状进行论述，以期为我国滨海核电的安全运行提供一定参考。

本书选取的海洋环境要素包括：计算基准洪水位的设计、排废液体以及地震海啸，以上三种要素在本书中被界定为滨海核电外部海洋环境。在滨海电厂的实际选址、建设和运营过程中，这些要素的变化都将改变滨海核电厂的安全运营。

1.3 国内外滨海核电外部海洋环境管理研究综述

1.3.1 国内外核电发展综述

1.3.1.1 世界核电发展现状

众所周知，核能来源于核反应时原子核释放的能量。在“二战”结束后，美、苏、法、英等国利用已有的军用核技术，开始开发建造以发电为目的的核反应堆。1951 年 12 月美国实验增殖堆 1 号（EBR-1）首次利用核能发电，标志着核电开始从军事领域走向民用领域。1954 年 6 月，苏联建成了世界上第一座装机容量为 5 MW 的奥布宁斯克实验核电站，实现首次利用核能发电。截至今天，世界核电已经走过了近 70 年的路程。在其发展过程中，因核泄漏事故的发生，核电曾一度在全世界范围内暂停或缓慢发展，其大致经历了实验示范、高速发展、减缓发展和开始复苏四个阶段。

21 世纪以来，随着世界经济的复苏，能源供应日渐紧张，全球环境问题日益严重，温室气体减排压力增加。在这种情形之下，核电作为清洁能源的优势又重新被人类所重视。历经半个多世纪，鉴于核电技术在安全性和经济性上都取得了长足的进步，增强了安全可信度，核电再次受到各国的青睐，于是全球范围内多国又重新积极制订新的核电发展规划，世界核电开始逐渐进入复苏发展期。目前，美国、欧洲、日本开发的第三代先进轻水堆核电站取得了重大的进展，部分反应堆已投入商用或即将立项。

这期间，虽然日本福岛核泄漏事故迫使各有核国家重新调整核电发展规划，开始评估核电事故所造成的可能影响，但这些举措都没有从根本上改变本国发展核电的趋势，只是对目前在运行的及在建的核电机组的设计和运行安全提出了更加严格的审批和规范要求。美国在 2012 年 2 月至 3 月一个月时间内，相继审核批准了 4 台 AP1000 机组的建设；2013 年 3 月，以法国、英国、西班牙等为首的 12 个国家联合签署了部长级联合宣言，宣言中承诺将继续支持核能发电产业的发展；而俄罗斯、印度等国家也都开始积极投资，加速发展核电。除此之外，从世界能源供应和生态、环保的角度考虑，越来越多的无核国家逐步开始考虑或已启动核电站建造计划。

核电作为一种可持续的、稳定的、经济的清洁能源，与水电、煤电一起已然成为世界能源供应的三大支柱之一，其复苏发展的趋势不会因个体事故的发生而发生改变。时至今日，核电不但重新登上世界能源发展的历史舞台，并且占据相当的分量。作为世界能源支柱之一，核电在保障能源安全、改善环境质量等方面发挥了重要作用。目前，全世界核电运行机组共有 444 台，分布在 30 个国家，其发电量约占世界发电总量的 16%。根据 WNA 世界核协会网站提供的资料，截至 2016 年 7 月 1 日，全球有核国家的核电具体情况见表 1-1。

表 1-1 世界上运行核电的国家或地区核电站情况统计（截至 2016 年 7 月 1 日）

国家或地区	核发电量（2015）		在运行机组[①]		在建机组[②]		计划中机组[③]		拟建机组[④]		铀需求量总数
	总数（TWh）	（%[⑤]）	数量（台）	净装机容量（MWe）	数量（台）	总装机容量（Mwe）	数量（台）	总装机容量（Mwe）	数量（台）	总装机容量（Mwe）	2016（tU）
美国	798	19.5	100	100 013	4	5 000	18	8 312	24	26 000	18 214
法国	419	76.3	58	63 130	1	1 750	0	0	1	1 750	9 211
俄罗斯	182.8	18.6	35	26 053	8	7 104	25	27 755	23	22 800	6 416
中国	161.2	3	33	29 577	21	24 036	42	48 330	136	156 000	6 072
韩国	157.2	31.7	25	23 017	3	4 200	8	11 600	0	0	4 926
加拿大	95.6	16.6	19	13 553	0	0	2	1 500	3	3 800	1 730
德国	86.8	14.1	8	10 728	0	0	0	0	0	0	1 689
乌克兰	82.4	56.5	15	13 107	0	0	2	1 900	11	12 000	1 985
英国	63.9	18.9	15	8 883	0	0	4	6 100	9	11 800	1 734
西班牙	54.8	20.3	7	7 121	0	0	0	0	0	0	1 271

续表

国家或地区	核发电量（2015）		在运行机组①		在建机组②		计划中机组③		拟建机组④		铀需求量总数
	总数（TWh）	（%⑤）	数量（台）	净装机容量（MWe）	数量（台）	总装机容量（Mwe）	数量（台）	总装机容量（Mwe）	数量（台）	总装机容量（Mwe）	2016（tU）
瑞典	54.5	34.3	9	8 849	0	0	0	0	0	0	1 471
印度	34.6	3.5	21	5 302	6	4 300	24	23 900	36	41 600	1 077
捷克	25.3	32.5	6	3 904	0	0	2	2 400	1	1 200	567
比利时	24.8	37.5	7	5 943	0	0	0	0	0	0	1 015
芬兰	22.3	33.7	4	2 741	1	1 700	1	1 200	1	1 500	1 126
瑞士	22.2	33.5	5	3 333	0	0	0	0	3	4 000	521
匈牙利	15	52.7	4	1 889	0	0	2	2 400	0	0	356
保加利亚	14.7	31.3	2	1 926	0	0	1	950	0	0	327
斯洛伐克	14.1	55.9	4	1 816	2	942	0	0	1	1 200	905
巴西	13.9	2.8	2	1 901	1	1 405	0	0	4	4 000	332
墨西哥	11.2	6.8	2	1 600	0	0	0	0	2	2 000	282
南非	11	4.7	2	1 830	0	0	0	0	8	9 600	308
罗马尼亚	10.7	17.3	2	1 310	0	0	2	1 440	1	655	179
阿根廷	6.2	4.8	3	1 627	1	27	2	1 950	2	1 300	217
斯洛文尼亚	5.4	38	1	696	0	0	0	0	1	1 000	137
巴基斯坦	4.3	4.4	3	725	3	1 841	1	1 161	0	0	273
日本	4.3	0.5	43	40 480	3	3 036	9	12 947	3	4 145	1 728
荷兰	3.96	3.7	1	485	0	0	0	0	1	1 000	102
伊朗	3.2	1.3	1	915	0	0	2	2 000	7	6 300	178
亚美尼亚	2.6	34.5	1	376	0	0	1	1 060			88
全球总计	2 441.06	11.5	444	387 757	56	58 041	148	156 905	278	313 650	64 437

备注：① 在运行：已经并网发电的机组；

② 在建：反应堆已浇筑第一灌混凝土，或者正在进行重大整修；

③ 计划中：已获批准且建设资金已到位，或已有慎重承诺，大部分将在未来8至10年投入使用；

④ 拟建：已有明确计划或厂址建议，大部分将在未来 15 年内投入使用；

⑤ %：该国或地区核发电量占总发电量的百分比。

根据世界核协会网站提供的资料，本书绘制了截至2015年年底世界上一些国家核发电量占本国总发电量的百分比图示，见图1-2。从图1-2中我们可以看出，全球目前已有13个国家的核电发电量超过了本国总发电量的30%，而法国则达到了76.3%，已成为本国能源供给的主要方式。

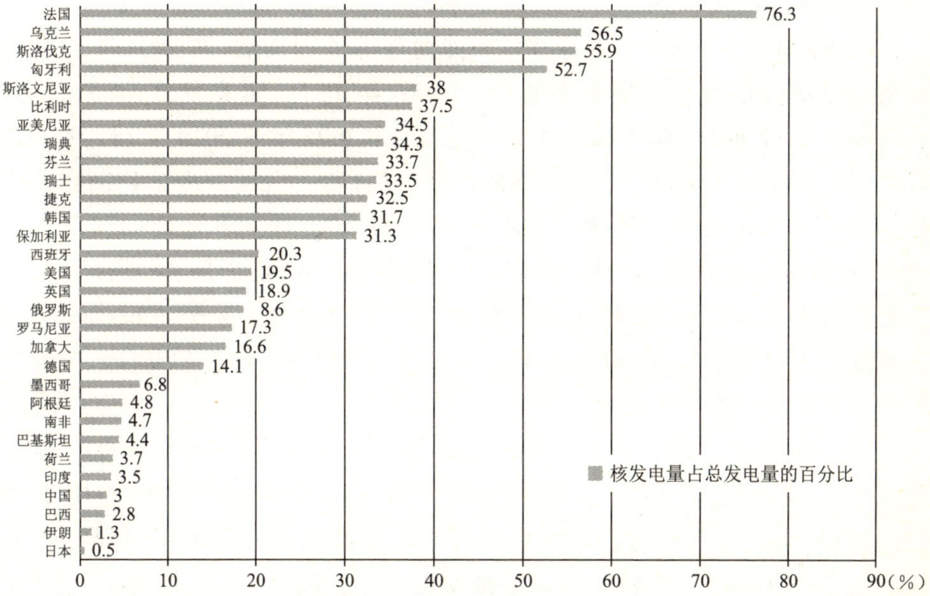

图1-2　世界各国核发电量占本国总发电量的百分比

预计在未来10年中，核电发展速度最快的前三位国家将是中国、俄罗斯和印度。目前，我国在建机组有24台、计划建设机组44台，在未来预计规划建设机组136台。

1.3.1.2　国内核电发展现状

我国目前处于经济快速发展时期，对能源的需求在未来几十年甚至更长的时期内都会持续增长。然而目前传统的煤电能源已面临重重危机，水电的总发电量有限，而风电、太阳能等新能源处于初期发展阶段具有成本高、入网困难等难题。在此能源形势下，核电的优势凸显而出，与传统煤电能源相比具有低碳环保的优势。核电对生态环境的自然属性没有损害，而且，目前国际上的核电技术已相对成熟，且发电成本低。我国自20世纪50年代后期即着手发展核武器，并很快掌握了原子弹、氢弹和核潜艇技术，借助已掌握的石墨水冷生产堆和潜艇压水动力堆技术为民用核电的发展奠定了技术基础。20世纪80年代初期，我国政府就制定了发展核电的技术路线和技术政策，决定发展压水堆核电厂，并采用“以我为主，中外合作”的方针政策，先引进，后改良，即引进外国先进技术开始实施建设，而后逐步实现设计自主化和设备国产化。

我国政府在充分考虑节能减排和能源保障等因素后，在2007年至2011年先后三次提出增速发展核电的目标：2007年10月，国家发改委正式发布了经国务院批准的《国家核电发展专题规划（2005年～2020年）》，到2020年中国有望实现4 000万千瓦的核电发展目标，约占全国发电总装机容量的4%；2010年3月，目标调整为7 000～8 000万千瓦，比重升至5%；仅仅一年后，国家能源局再次表示，至2020年核电发展确定为1亿千瓦，比重升至7%。至福岛核事故爆发后，我国政府明确表态，“中国政府会充分认识核安全的紧迫性和重要性，必须把核电安全作为发展的第一位，但中国政府不会改变未来发展核电的决心和安排”。[2]

截至2016年7月1日，我国在运行的核电机组为33台，净装机容量为29 577 MWe，总计核发电量为161. 2 TWh，占我国总发电量的比重为3%。与此同时我国还有在建机组21台，总装机容量为240 336 MWe；计划建设机组42台，总装机容量为48 330 MWe，拟建机组136台，总装机容量为156 000 MWe。本书将2005年至2015年我国核发电量及运行机组数量进行了年统计，并绘制了近十年来我国核发电量及占我国总发电量的占比的走势图，见图1-3。

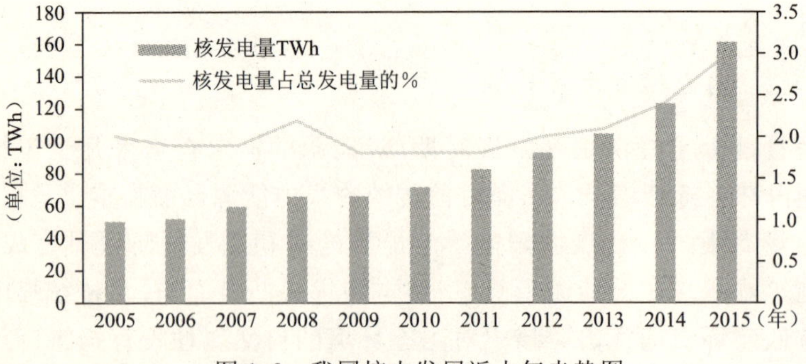

图1-3　我国核电发展近十年走势图

在我国核电厂中，秦山核电厂是由我国自主设计建造的，其采用的

300 MW压水堆核电机组，于1991年底并网发电，在1994年4月投入商业运行。广东大亚湾核电厂是与香港地区合资建设的，两台930 MW压水堆机组采自国外，分别于1994年2月1日和5月4日投入商业运行；秦山二期核电厂两台600 MW压水堆机组按自主设计、自主管理方式建设；秦山三期核电厂两台700 MW坎杜型重水堆机组由加拿大原子能公司承包建设。田湾核电厂两台WWER-1000（V-428型）压水堆机组从俄罗斯进口成套设备。

到2012年6月，我国在运行的滨海核电机组已有15台，分别为：浙江秦山核电基地7台机组（秦山核电厂1台30万千瓦级压水堆型机组、秦山第二核电厂4台自行设计建造的60万千瓦级压水堆型机组、秦山第三核电厂2台从加拿大引进的70万千瓦级重水堆型机组）；广东大亚湾核电基地6台机组（大亚湾核电厂2台从法国引进的百万千瓦级压水堆型机组、岭澳核电厂4台在大亚湾核电厂基础上改进的机组）；江苏田湾核电厂2台从俄罗斯引进的百万千瓦级压水堆型机组。

截至2012年6月，我国在建的滨海核电机组共计26台，分别为：浙江三门和山东海阳建设的4台从美国西屋公司引进的百万千瓦级非能动压水堆型机组AP1000；广东台山建设的2台从法国引进的170万千瓦级压水堆型机组EPR；辽宁红沿河、浙江方家山、福建宁德和福清、广东阳江和广西防城港建设的18台自主设计的百万千瓦级压水堆型机组；海南昌江建设的2台以秦山第二核电厂3、4号机组为参考的60万千瓦级压水堆型机组。

就目前情况而言，我国已经进入了一个全面发展核能的时代，在享用新能源的喜悦之中，也应牢记核电安全的重要性以及核电泄漏的巨大的不可逆的危害性，因此在建设和运营中应更加注重核电的安全性。由于我国核电事业相对于发达国家来说起步较晚，在核电安全管理方式及模式上，沿用核电发达国家较多，常借鉴美国、俄罗斯、英国、法国等国较为完善的管理体系和管理方法。虽然在核电的运行和建设中，我国积极探索，在大亚湾以及秦山核电站的安全运行期间，均显示出我国在核电安全管理方面取得的不俗成绩，但是我们应该充分认识到核电安全涉及的方面较多，具体到滨海核电的外部海洋环境安全管理方面，考虑到政治背景、社会背景以及地理环境等的不同，我国现有的滨海核电外部海洋环境安全管理模式是否行之有效还有待于进一步探讨及完善。

1.3.2 滨海核电外部海洋环境管理现状

滨海核电是我国电力供应的重要组成部分，更是我国未来电力供应发展的主要方向。滨海核电的安全设计和安全基准设计是核电安全建设和营运的主要基础工作。在安全基准中，以极端洪水事件为代表的外部事件设计基准是安全基准研究中的重要内容。我国滨海核电的外部事件设计基准的研究和标准（HAD101 核电厂址选择安全规定）参照美国及欧洲滨海核电标准。这个标准体系对我国滨海核电厂的建设起到了重要的参考作用，但也有特殊性。

（1）我国滨海情况与美国滨海情况不同，核电厂厂址选择安全规定中涉及的有关要素及其关注程度也应不同。

（2）随着科学技术和海洋科学的发展，滨海海洋环境信息及其获取技术、海洋环境数值模拟技术有了很大的发展，数理统计方法的应用也有了新的进步，因此核电厂厂址选择中安全规定的有关要素计算也应有所发展。

（3）近 20 年来，海洋灾害不断加剧，滨海核电环境事故不断发生，灾害程度也逐步扩大。我们应以此为鉴，提高核电安全的保障措施，科学地评价设计基准洪水的安全风险发生概率。

（4）我国从事滨海核电建设和滨海核电安全研究已历经 30 多年，积累了不少的经验和教训，因此具备了进一步回顾、思索、研究和改革的基础与能力。

概言之，对滨海核电厂址选择安全的外部事件设计基准洪水位的进一步讨论与研究，是必要的、可行的，具有重要的现实意义。

为应对海啸灾害，在 20 世纪 60 年代世界上有 26 个国家和地区开展合作，在太平洋的夏威夷地区建立了海啸警报中心（The Pacific Tsunami Warning Center，PTWC），同期许多国家也建立了类似的海啸警报中心。我国于 1983 年加入了国际太平洋海啸警报系统，国家海洋局海洋环境预报中心也开始了相关的海啸预警业务。国家海洋局在我国部分海岛和近岸建立了大量的海洋监测站和浮标站。这些站点的设置与启用使我国现今已经基本具备海啸预警的能力。在 20 世纪 90 年代后期，我国国家海洋局还组建了太平洋海啸资料数据库，开发了太平洋海啸传播时间数值预报模式和越洋、本地海啸数值预报模式，上述资料及成果已在福建惠安、广东大亚湾、浙江秦山等 5 个核电站的环境影响评价中得到实际应用。在 2004 年 12 月 4 日印度洋海啸发生后，国家海洋局海洋环境预报中心迅速组织专家进行数值模拟，成功再现了海啸发生的全过程。2007年1月19日，国家海洋局按照国务院统一部署编制并发布了《风暴潮、海啸、海冰灾害应急预案》，进一步完善了事故发生后的应急方案。预案的发布表明目前我国已经初步建立了海啸预警系统，一旦预计沿海可能受到海啸影响，国家海洋局海洋环境预报中心会立即通过海啸预警系统发布受影响地区的海啸预警警报，同时启动海啸应急预案。2011年3月11日福岛核事故发生后，国家相关部门高度重视，重新开始了新一轮的滨海核电地震海啸的安全情况审核检查工作。虽然近年来我国沿岸很少或者说几乎没有发生过地震、海啸等重大灾害，但我国并没有因此而放松警惕，而是一直在努力建立健全我国的海啸预警系统。

1.4 拟解决的问题

根据文献查阅、课题组研究报告梳理以及实际工作发现，我国虽然在滨海核电外部海洋环境安全管理方面做了大量工作，也取得了不错的成绩，但是核安全的形势依旧很严峻，因此本书通过对滨海核电外部海洋环境管理现状进行梳理，从宏观和微观两个角度指出了现阶段存在的问题并提出初步建议，以期能为滨海核电的有效管理和安全发展提供参考。

（1）滨海核电的设计中，防洪安全管理是必要环节。但现在的滨海核电防洪设计标准的计算工作尚存缺陷，即现有的基准洪水计算方法中将波浪与潮汐作为独立变量来计算，这种人为地将原本相关的两个海洋要素割裂开来计算，从其物理意义上存在不足，如何消除这种不足将是本书的研究重点之一。

（2）滨海核电的安全运行中，核电废液排放对海洋生态会产生极大的影响，从而制约或阻碍海洋生态文明建设。在国家大力推行海洋生态文明建设的环境下，如何促使滨海核电正常运行和海洋生态文明建设实现双赢也是本书研究内容。

（3）滨海核电建设中，地震、海啸设计必不可少，如何在设计、建设及运行中有效控制地震、海啸所造成的危害及现有防震抗洪设计的研究方法和可靠性还有待于进一步研究探讨。

（4）后评估工作在目前项目管理中的作用日渐凸显，滨海核电的后评估管理工作尚属缺失状态，有待于进一步研究。

本书主要围绕上述4个问题，拟从滨海核电的防洪安全管理、排废液体的生态文明影响、地震海啸安全管理、后评估管理入手，分别进行分析研究，提出问题，展开讨论，得出结论，以期为国家核电的安全发展以及海洋管理部门做出决策提供有效的参考。

1.5 研究内容及技术路线

1.5.1 研究内容

本书以滨海核电外部海洋环境安全管理为主要研究点，从滨海核电的防洪安全管理、排放废液与海洋生态文明建设、地震及海啸安全管理、后评估管理入手，综述当下滨海核电建设和运营过程中涉及的外部海洋环境安全管理，在此基础上，提出我国生态文明建设背景下未来滨海核电安全发展的对策。

本书的主要研究内容包括以下4个方面。

（1）滨海核电的防洪设计安全关乎滨海核电被海水淹没继而引起核泄漏的风险，现今我国采用的防洪安全计算方法是否准确可行、其保证率是否真实，一直处于研究与论证当中。本书拟梳理我国目前滨海核电防洪安全计算方法中存在的不足，并对其可行性与安全性进行分析与评价。据此，引入可真实反映海面高度的“海水高度”要素参与设计基准洪水的计算，并提出“同步高度法”对历史资料进行构建，从而提出改进我国滨海核电防洪设计的新思路与新方法，以期科学地降低滨海核电在极端天气条件下出现异常水位增高时发生危险的风险概率。

（2）核电排废液体对海洋生态的稳定与平衡影响巨大，包括温排水、余氯、化学物质以及低放废液等，同时，废液的排放也受海洋环境影响评价、取水安全、海域使用论证等约束，如何对排废液体进行有效的技术和行政管理，促使在生态文明建设条件下的滨海核电进行科学、合理的废液排放也是本书研究重点之一。

（3）地震、海啸是危及滨海核电的重要因素之一，本书综合对比国内计算方法，并在此基础上，提出地震、海啸计算方法的改进方向；同时，通过分析指出我国在滨海核电安全管理中，海啸灾害管理措施的不足，在此基础上，提出相应的改进措施。

（4）后评估是保证核电安全发展的必然选择及必不可少的管理环节。我国目前针对于滨海核电的后评估管理工作尚不完善，或未有效实施。本书在研究讨论的基础之上，提出滨海核电外部海洋环境的后评估管理工作的重要性及发展方向，初步制定了滨海核电外部海洋环境的后评估管理体制。

本书就上述问题展开研究，拟通过技术管理和行政管理两个方面，从宏观和微观两个角度对我国滨海核电外部海洋环境的管理进行论述，提出核电安全发展的建议和策略，以期为国家有关部门在提出规划、做出决策、制定规范标准时提供参考作用。

1.5.2 技术路线

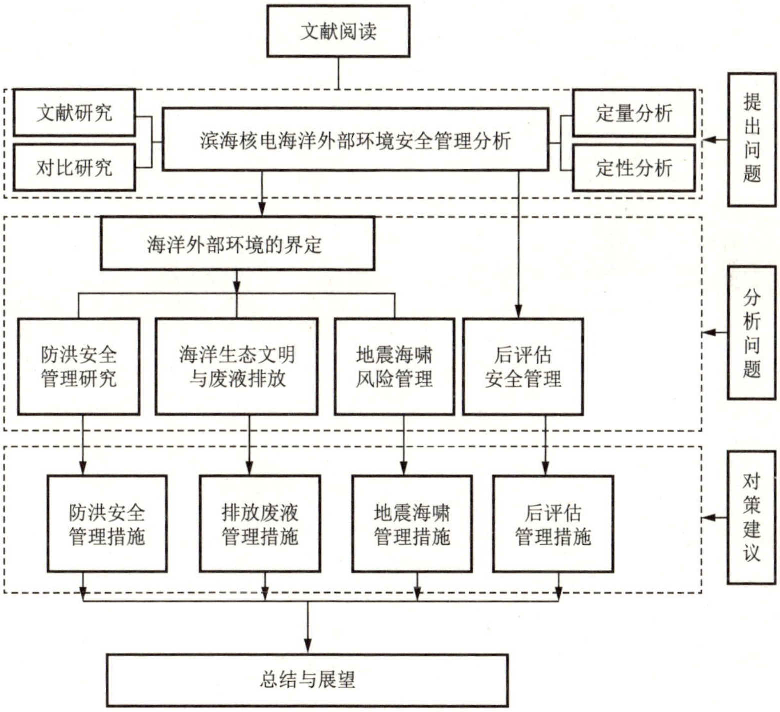

图 1-4 技术路线图

1.6 创新点

本书创新点主要有以下几点。

（1）引入表征海水真实高度的要素——“海水高度”参与设计基准洪水位的计算，有效地规避了现阶段设计基准洪水位计算中将波浪和潮汐作为独立变量来考虑的不足，科学地确保了设计基准洪水位保证率的可信度。“海水高度”是指海水表面高度，其一般意义是：在平均海平面之上叠加了天文潮面高度、风暴潮面高度和波浪波峰面高度及其他各种动力机制下增减水面高度的综合海面的高度。

（2）采用“同步高度法”构建海水高度。结合现有观测资料，提出采用“同步高度法”获取海水高度要素，构建方法有两种：“波高极值 + 同步增水”和“增水极值 + 同步波高”。以白龙尾和阳西核电等为例，对传统方法和“同步高度法”计算得到的设计基准洪水位进行可信度分析，定量指出新方法的可行性和科学性，并提出在今后的海洋观测中增加“海水高度”要素的观测。

（3）以海洋管理的角度，结合我国核电发展30多年的历程，从外部海洋环境安全管理入手，引入后评估管理理念，系统地探讨建立和完善滨海核电站外部海洋环境安全管理体系，提出我国滨海核电安全发展的管理建议与对策。

第 2 章　研究基础

2.1 我国核电法规标准概述

相对于世界核电发达国家，我国核电事业起步较晚。在核电厂厂址选择安全和设计安全标准等方面较好地吸收了国际原子能机构(IEAE)以及欧美核电大国的成熟经验，并初步建立了我国滨海核电法律法规体系 HAF/HAD 和相关标准。其中 HAF/HAD 法规体系基本按照 IAEA 的安全标准构建，HAF/HAD 法规内容主要参考了 IAEA 的相应安全标准。但是我国核电 HAF/HAD 法规更新严重滞后于 IAEA 的安全标准的更新，通常 IAEA 升版之后，HAF/HAD 法规需要 4～5 年后才能升版，有时时间甚至更长。

在我国海洋外部事件和海洋科学研究的基础之上，我国核电厂选址安全标准得到了较快发展，国家核安全局颁布了《核电厂厂址选择安全规定(HAF 0100 (91))》，及与之相配套的整套核安全导则(HAF 0101-HAF 0113)等与核电厂厂址选择(简称选址)有关的标准和法规。同时，国防科学技术工业委员会于 2001 年 11 月 15 日颁布、2002 年 2 月 1 日实施发布的《核电厂厂址选择基本程序》，全面、系统地规定了核电厂从开始选址到可行性研究报告及获批准的全过程的工作程序及每一步骤所需进行的工作要点、调查内容、技术要求、评价准则和选址报告编写要求等各项条款，用来切实保证各有关主管部门发布的法规和标准中规定的要求得到执行。

这些法规和标准的实施，基本满足了我国现行核电厂选址、建设和运行的安全要求，符合国家核安全法规和国际原子能机构最新标准的要求，具备完善的应对设计基准事故的能力，也具备一定的严重事故预防和缓解能力，使滨海核电安全风险处于受控状态。

2.2 滨海核电外部海洋环境相关法律法规综述

在《核电厂厂址选择基本程序》中，明确了设计基准有关概念和定义，其中，“设计基准自然事件”定义为：为确定有关自然事件的设计基准而选取的自然事件。“有关外部事件（外部人为事件、自然事件）的设计基准”定义为：与某个外部事件或几个外部事件组合有关，能表达其特征，选定用于核电厂全部或其任何部分的设计参数值。“设计基准洪水”定义为：为确定核电厂设计基准而选定的洪水。“可能最大洪水（PMF）”定义为：被认为是合理的、最严重的、可能发生的假设洪水（表征为洪峰流量、总量和过程线形状），其依据为可能最大降雨结合其他对最大洪水径流有利的水文因素，例如连续风暴和融雪。“可能最大风暴潮（PMSS）”定义为：由热带气旋、可能最大温带风暴或可能最大飑线所产生的假设风暴潮。“热带气旋”定义为：热带气旋是由直径100km或数百千米的旋转湿热空气团所构成的，根据它们的强度及发生的地区而具有种种名称，我国将热带气旋称为台风。

1990年国家核安全局颁布了《HAD101-09滨海核电厂厂址设计基准洪水的确定》，对核电厂安全选址做出了说明和补充，界定了设计基准洪水位的概念，确定了滨海核电厂选址中的设计基准洪水位的方法。该方法主要明确了使用的范围，说明了方法中的涉及外部事件要素、资料调查的内容，给出了各要素的估算方法，从而使得滨海核电厂的设计基准洪水位的计算有了一个标准。这个标准对于规范我国滨海核电厂设计基准洪水位，保障核电厂外部自然事件安全等具有非常重要的意义[3]。

《核电厂厂址选择中的放射性物质水力弥散问题》（HAD101/05）明确了通过电厂正常生产和事故释放的放射性物质进入地表水中的弥散问题[4]。

对于滨海核电厂的水文情况，核电导则中有明确的规定：核电厂中对安全上重要的结构、部件及系统应设计成能够承受严重的地震活动和水文气象条件，或者能够承受地震和水文气象两者共同作用所造成的最严重的洪水状态，而不丧失其安全运行的职能[5]。

依据核安全导则HAD101/09中规定，滨海厂址的设计基准洪水是一个核电厂设计应经受的洪水，应包括基准水位、极端洪水事件（可能最大风暴潮、可能最大海啸、可能最大假潮或以上三种或两种严重事件的组合）以及风浪的影响和江河洪水。它是下列洪水类型中最严重的：

（1）可能最大风暴潮引起的洪水；

（2）可能最大海啸引起的洪水（如果存在时）；

（3）可能最大假潮引起的洪水（如果存在时）；

（4）由上述（1）～（3）项严重事件的组合所引起的洪水。一般设计基准洪水不低于任一有记录的或历史上洪水[6]。

其中可能最大风暴潮 PMSS（Probable Maximum Storm Surge）是指可能最大热带气旋 PMTC（Probable Maximum Tropical Cyclone）即可能最大台风所引起的海水潮位异常升高所产生的增水。

在《海水水质标准》（GB 3097—1997）[7]中明确规定“对于第一类、第二类海域，人为造成的海水温升夏季不超过当时当地 1 ℃，其他季节不超过 2 ℃；对于第三类、第四类海域，人为造成的海水温升不超过当时当地 4 ℃”。因此核电厂所排放的温排水对受纳海域的影响并不都是有害的。在水温较低的冬季，在温排水所导致的中、低增温区域内，是对此区域海洋内的生物生长和多样性的增加是产生有利作用的；但是在自然温度较高的夏季，或者高增温区域内，温排水所导致的水温升高会对当地的海洋生物生长和多样性的植树产生抑制作用。

我国在核电厂抗震设计中，除部分参照美国标准审查大纲（USNRC SRP）、美国核电厂结构安全中地震分析及说明（ASCE4-98）以及法国 RCC 标准等外，我国目前所执行的法规、导则和标准如下：HAF102《核动力厂设计安全规定》；GB 50267—97《核电厂抗震设计规范》；HAD101/02《核电厂的抗震设计与鉴定》；HAD101/01《核电厂厂址选择中的地震问题》。

对于海啸的影响，核安全法规《核电厂厂址选择规定》（HAF101）[8]中明确规定：在厂址安全评价中，必须评价厂址所在区域是否存在发生影响核电厂安全的海啸的可能性。如存在发生的可能性，则必须尽可能收集较长期的历史资料，分析其可靠性及与厂址的相关性。据此估算此区域的海啸高度、大小及发生频率。综合沿岸地形及海啸分析确定设计基准海啸。在核安全导则《滨海核电厂厂址设计基准洪水位的确定》（HAD101/09）[9]中也有明确规定：厂址最好选择在不受海啸严重影响的地方，如不可规避，则应保守地分析由海啸产生的潜在影响，并在设计中按可能最大海啸来设计基准洪水。

2.3 研究的理论基础

本书研究主线的提出以及立题基础，是基于对国内部分火电、核电项目中关于基准洪水位和电厂外部海洋要素的相关专题研究报告的分析与总结，主要参考的内部研究报告如表 2-1 所列。

表 2-1 内部参考报告

序号	报告名称	参与人员	报告时间
1	山东石臼电厂环境影响报告	郭佩芳，侍茂崇等	1989. 05
2	山东日照发电厂工程可行性研究取排水工程水工模型试验(一)温排水数值模拟报告	郭佩芳，侍茂崇等	1993. 01
3	山东华能威海发电厂二期工程可行性研究逍遥滩灰场海洋水文勘测报告	郭佩芳，侍茂崇等	1993. 08
4	山东第一核电厂工程初步可行性研究红石顶厂址工程海区海洋水文特征初步分析专题报告	郭佩芳，侍茂崇等	1994. 08
5	山东第一核电厂工程初步可行性研究，冷家庄厂址工程海区海洋水文特性初步分析专题报告	郭佩芳，侍茂崇等	1994. 08
6	日照发电厂一期工程初步设计海水取水口沦沙数值模拟计算	郭佩芳，侍茂崇，周良明等	1995. 07
7	山东海阳核电工程可行性研究设计基准洪水位和设计基准低水位分析专题报告	郭佩芳，侍茂崇，周良明等	1998. 10
8	山东海阳核电厂工程：浓盐水排放三维数模计算报告	郭佩芳，侍茂崇，周良明等	2001. 08
9	天津临港工业区滩涂开发一期工程海洋水动力厂影响研究	郭佩芳，侍茂崇，周良明等	2003. 08
10	主要海洋灾害对天津临港工业区滩涂开发一期工程的影响研究	郭佩芳，侍茂崇，周良明等	2003. 08
11	国电蓬莱发电厂工程初步可行性研究取排水泥沙数模计算结果报告	郭佩芳，侍茂崇，周良明等	2003. 09
12	江苏燕尾港发电厂 4×660 MW 机组工程初步可行性研究温排水数值模拟计算结果报告	郭佩芳，侍茂崇，朱庆林，周良明等	2003. 10
13	国电蓬莱发电厂工程初步可行性研究海洋水文特征（浪、潮、流、沙）分析专题报告	郭佩芳，侍茂崇，朱庆林，周良明等	2003. 12

续表

序号	报告名称	参与人员	报告时间
14	国电蓬莱发电厂工程初步可行性研究温排水数值模拟计算结果报告	郭佩芳，侍茂崇，朱庆林，周良明等	2003. 12
15	国电蓬莱发电厂工程初步可行性研究海上部分环境影响报告	郭佩芳，侍茂崇，朱庆林，周良明等	2003. 12
16	大唐山东营发电厂高温气冷堆核电示范工程初步可行性研究温排水数值模拟计算结果及分析专题报告	郭佩芳，侍茂崇，朱庆林，周良明等	2004. 06
17	华电国际莱州项目一期超(超)临界机组工程可行性研究温排水数值模拟计算结果报告	郭佩芳，侍茂崇，朱庆林，周良明等	2004. 11
18	华电国际莱州项目一期超(超)临界机组工程海域使用论证报告	郭佩芳，侍茂崇，朱庆林，周良明等	2005. 02
19	华电国际莱州项目一期 2×100 MW 机组工程海域使用论证报告	郭佩芳，侍茂崇，朱庆林，周良明等	2005. 02
20	烟台市辛安河污水处理厂排污混合区海洋环境及海域使用论证报告书	郭佩芳，侍茂崇，朱庆林，周良明等	2005. 05
21	新滩油田垦东 12 区块开发环境影响报告	郭佩芳，侍茂崇，朱庆林，周良明等	2005. 06
22	福建罗源火电厂一期工程可行性研究海洋水文特征值及全潮水文测验分析专题报告	郭佩芳，侍茂崇，朱庆林，周良明等	2005. 07
23	国电寻山电厂 2×660 MW 机组工程工程海域温排水数值报告	郭佩芳，侍茂崇，朱庆林，周良明等	2005. 10
24	国电寻山电厂 2×660 MW 机组工程工程海域海洋水文特征值报告	郭佩芳，侍茂崇，朱庆林，周良明等	2005. 10
25	华能威海责任有限公司三期初步可行性研究温排水取排水数值模型研究报告	郭佩芳，侍茂崇，朱庆林，周良明等	2006. 01
26	华能威海责任有限公司三期初步可行性研究取排水泥沙数值模型计算结果报告	郭佩芳，侍茂崇，朱庆林，周良明等	2006. 01
27	国电寻山电厂 2×660 MW 机组工程海洋环境影响报告	郭佩芳，侍茂崇，朱庆林，周良明等	2006. 02
28	华能日照电厂二期扩建工程可行性研究报告循环水温排水数值模拟计算结果及分析专题报告	郭佩芳，侍茂崇，朱庆林，周良明等	2006. 03
29	国电蓬莱发电有限公司二期扩展 2×670 MW 超超临界、循环经济、环保节约型发电工程海洋环境影响报告	郭佩芳，侍茂崇，朱庆林，周良明等	2006. 04
30	福建罗源湾火电厂工程海洋环境影响报告	郭佩芳，侍茂崇等	2006. 04

续表

序号	报告名称	参与人员	报告时间
31	山东乳山红石顶核电厂工程可行性研究海洋水文专用站建站观测初步分析专题报告	郭佩芳,侍茂崇,朱庆林,周良明等	2006. 05
32	国电寻山电厂一期 2×660 MW 机组工程海洋环境影响报告	郭佩芳,侍茂崇,朱庆林,周良明等	2006. 06
33	烟台市新安河污水处理厂排海管道工程海洋资源利用环境影响报告	郭佩芳,侍茂崇,朱庆林,周良明等	2006. 07
34	青岛港前湾港区泛亚码头项目海洋环境影响报告	郭佩芳,侍茂崇,朱庆林,周良明等	2006. 08
35	江苏华电滨海电厂温排水数值计算报告	郭佩芳,侍茂崇,朱庆林,周良明等	2006. 10
36	华电国际莱州项目海洋环境影响报告	郭佩芳,侍茂崇,朱庆林,周良明等	2006. 11
37	山东海阳核电厂,海水水温设计参数统计分析专题报告	郭佩芳,侍茂崇,朱庆林等	2007. 01
38	福建罗源火电厂一期 4×660 MW 机组工程温排水物理模型实验研究报告	郭佩芳,侍茂崇,朱庆林等	2007. 04
39	海水半潜式钻井钻进平台南海海洋环境条件推测预算研究技术报告	郭佩芳,侍茂崇,朱庆林等	2007. 10
40	华能石岛湾核电厂高温气冷堆和核电师范工程海区专用水文观测工作报告和资料分析报告	郭佩芳,侍茂崇,朱庆林等	2007. 10
41	万向石油储运(舟山)有限公司岙山油品码头及配套设施工程海域使用论证报告	郭佩芳,侍茂崇,朱庆林等	2007. 11
42	华能石岛湾核电厂高温气冷堆核电示范工程中设计基准洪水位和设计基准低水位分析研究报告(DBE,DNL)	郭佩芳,侍茂崇,朱庆林等	2008. 01
43	洋浦湾 5 万吨级航道疏浚围填工程海域使用论证报告	郭佩芳,侍茂崇,朱庆林等	2008. 03
44	渤海湾、莱州湾海上溢油应急预测预警系统工作报告	郭佩芳,侍茂崇,朱庆林等	2008. 04
45	山东省沿海风暴潮警戒潮位核定报告	郭佩芳,侍茂崇,朱庆林等	2008. 05
46	中广核山东核电厂工程初步可行性研究,海洋水文特征值初步分析专题、专题报告	郭佩芳,侍茂崇,朱庆林等	2008. 06
47	化能石岛湾核电厂高温气冷堆核电示范工程环境影响报告书	郭佩芳,侍茂崇,朱庆林等	2008. 06

续表

序号	报告名称	参与人员	报告时间
48	中广核山东核电厂工程初步可行性研究厂址区域泥沙运动及岸滩稳定性分析报告	郭佩芳，侍茂崇，朱庆林等	2008. 06
49	华能山东石岛湾核电厂近岸海域环境功能区调整论证报告	郭佩芳，侍茂崇，朱庆林等	2009. 03
50	华能山东石岛湾核电厂大件运输码头工程水文波浪推算报告	郭佩芳，侍茂崇，朱庆林等	2010. 03
51	华能山东石岛湾核电厂扩建工程可行性研究阶段厂址周围海域水产资源和海洋生态现状补充调查报告	郭佩芳，侍茂崇，石洪源等	2010. 06
52	海阳核电厂综合安全检查报告	郭佩芳，侍茂崇，石洪源，曹雪峰，吴琼等	2011. 07
53	华能山东石岛湾核电厂设计基准洪水位复核报告	郭佩芳，侍茂崇，石洪源，曹雪峰，吴琼等	2011. 07
54	山东海阳核电厂设计基准洪水位复核报告（CPCO 版）	郭佩芳，侍茂崇，石洪源，曹雪峰，吴琼等	2011. 11
55	石岛湾核电厂厂址水文补充计算专题报告	郭佩芳，侍茂崇，石洪源，曹雪峰，吴琼等	2012. 02
56	石岛湾核电厂厂址近岸海域环境功能区调整论证报告	郭佩芳，侍茂崇，石洪源，曹雪峰，吴琼等	2013. 11
57	滨海核电厂设计基准洪水概率分析研究	郭佩芳，侍茂崇，曹雪峰，石洪源，吴琼等	2015. 03

2.4 小　结

本章主要讲述了本书研究的基础，主要包括法律法规等。本章内容可为下面的研究提供理论支撑和技术保障，为下文的展开做铺垫。

第3章　滨海核电设计基准洪水位(DBF)的风险管理研究

在淡水资源相对匮乏情况下，由于核电厂对冷却水的需要，我国优先发展滨海核电。滨海核电站的安全性，取决于内外两种因素。内部的安全取决于核岛内部机器运转、附属设备和正确操作的管理；而外部安全则是指核电厂核电内部（核岛）因素安全之外的其他外部因素的安全问题。但在滨海核电的安全运行中，除外部海洋环境因素之外，还有战争、社会治安、交通运输和陆地环境等诸多外部因素影响或威胁着滨海核电的正常运行。

滨海核电厂运行期间，在受到环境的影响下尤其是极端恶劣水文气象条件下，必须保证核岛不被淹没而造成核泄漏，也要保证冷却水不因淤积而阻断，在此基础上切实保障核电厂对周围环境、经济社会和人员不产生危害。因此必须充分考虑洪水等外部自然条件所导致的异常海水升高对核电安全的影响，诸如各种设计水位（如设计基准洪水位、设计高水位等）等在极端气象条件下的安全可靠性。

本章的内容主要讨论外部海洋环境因素中涉及的设计基准洪水位计算方法中存在的不足，基于海水高度的思想，考虑了不同海水要素之间的耦合关系，将海水高度引入设计基准洪水DBF的计算中，由于利用的海面真实的高度的计算，因而使得设计基准洪水DBF的保证率的科学性和真实性，从而能够正确地评价设计基准洪水的风险发生概率。鉴于现有海水高度资料不足的问题，本书提出了“同步高度法”来实现历史资料的延续，运用极值推算理论，推算海水高度的极值重现期水平，并提出在今后的海洋要素观测中增加海水高度的观测。

3.1 决定滨海海水高度的诸要素概述

在滨海海洋要素观测中，由于海水运动的复杂性及以往的观测手段、计算水平的局限性，因此对海水的研究都是将海水的不同要素分开来观测，诸如潮汐、波浪、海流等，这就造成了诸要素之间的独立性。在研究滨海核电的基准洪水之前，我们先来看一下和滨海核电设计基准洪水位有关的要素：滨海地基下沉、海平面高度、潮汐、风暴潮、海啸、假潮和波浪。本节分别对这些要素进行论述。

3.1.1 滨海地基下沉

由于前期我国采用粗犷型的发展方式，致使我国沿岸的滨海陆地区域经历过过度开采地下水，过度建设过高、过重的建筑物而导致滨海陆地地基下沉的事件。有研究认为，随着地下水的进一步开采和滨海建筑物的不断增高，在沿海地质松软地区，地基下沉现象不仅不可避免，而且会越来越严重。

过去有不少学者，从地质构造的角度、按地质年代的时间尺度，把杭州湾以北划分为下沉海岸，以南划分为上升海岸。从整体来看，中国下沉海岸地形远比上升的现象来得显著。滨海建筑物的地基大部分是由河流冲积物和滨海沉积物组成，属于淤泥质软土地基，其含水量高、强度低、变形大、压缩性高，并有触变性、流变性和很强的不均匀性。淤泥质软土常常会引发严重的工程地质灾害，因此地基处理不到位造成建筑物极易发生强烈的不均匀下沉，滑动变形造成地基或边坡失稳、建筑物倒塌。

3.1.2 海平面高度

全球温度不断升高，使得全球结冰与融冰量发生了改变，两极和陆地冰川融化的速度不断加快，大量融冰水进入海洋，使得海平面上升的速度不断加大。同时，由于温度的升高使海水的密度缩小，体积变大，从而又从一个层面加剧了海平面上升的速度。

WMO（世界气象组织）和 UNEP（联合国环境规划署）所属的政府间气候变化专门委员会（IPCC）认为至 2099 年，海平面会上升 59 cm。国外研究认为，20 世纪海平面升高的速度是 1. 8 mm/a，而 1950 年前的速度是 1 mm/a。

在2016年的中国海平面公报中指出，我国沿海海平面变化呈波动上升趋势。1980～2015年，中国沿海海平面上升速率为3. 0 mm/a。2015年，中国沿海海平面较常年高90 mm，较2014年低21 mm，为1980年以来第四高位。近30年，我国沿海的十年际海平面呈明显上升趋势。2006～2015年，我国沿海平均海平面较1996～2005年和1986～1995年分别高32 mm和66 mm，为近30年来最高的10年（图3-1）。

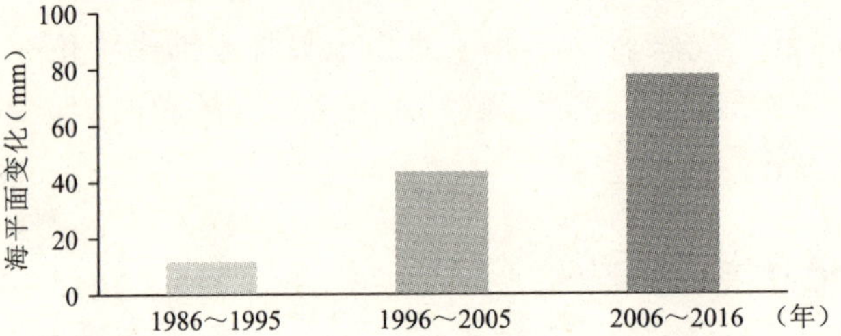

图3-1　1986～2016年中国沿海年代海平面变化

3.1.3　潮汐变化

潮汐主要是由于天体引潮力引起的海水周期性的运动，通常是指海面垂直方向的升降。一般认为由于天体在人类时间尺度上的稳定，潮汐在一个确定的海域是确定的、不变的。

由天体的运动规律，可知潮汐有“大潮”“小潮”，还具有约为18. 6年的周期。根据潮汐的发生和变化特征，在取用潮汐资料时最好有连续20年以上的观测资料，然后根据资料系列，做出高潮累积曲线，选取10%的超越天文高潮位作为天文潮的洪水高值取值点较为科学合理。

此外，潮汐的变化除受天体的影响外，还会受到局地地形的影响。尽管在有人类记录的历史上，还没有发现能够影响海洋潮汐变化的天体移动的现象，但是近年的调查和研究发现，由于人类过度围填海、过度疏浚和采砂，使得近岸海底地形和沿岸岸形发生了很大的变化，致使潮汐、潮流、无潮点位置均发生了不同程度的变化。因此，在地形改变较大的海域，对于近岸海底地形和沿岸岸形变化引起的潮汐特征的改变的现象也要引起足够的重视。

3.1.4　风暴潮增水

风暴潮是指在气压场和风场的双重强迫力作用下海水向近岸输送、堆积从而导致沿岸水位偏离于天文潮的异常升高现象，亦称为风暴潮增水。由于风暴潮增水是由各种风暴引起的局地海面的异常变化，因此这种风暴可以是寒潮大风，也可以是温带和热带气旋风暴等，无论是哪一种都会在局地海域产生海面异常增水现象。

热带风暴和台风到来时狂风大作，对海水强力驱动而使潮位剧升，同时也常伴有暴雨，如 2006 年台风桑美在浙江苍南 8 月 10 日 18:00～20:00 降雨量达到 246.9 mm；2009 年 8 月 7 日台风莫拉克使台湾东部有超过 1 600 mm 的降雨；2015 年 7 月台风灿鸿致浙江三门赖岙降雨量达到 404 mm。而短期的洪水下泄同样会造成巨大的灾害。我国所处的西北太平洋区域是热带风暴和台风的主要发生地，台风生成的频率最高，占全球台风总数的 36%。我国沿海地区地势整体较低，大江、大河的河口三角洲区域易受风暴潮侵害。

由于我国沿海广阔的大陆架及浅海区域的特征，加之台风区的强风和特低气压，非常有利于风暴潮的发生，再加上温带气旋和渤海风潮的影响，我国所有沿海地区均是风暴潮的受灾区。据统计，西北太平洋上的台风，34% 在我国沿海登陆，其中 37% 会产生风暴潮。换句话说，我国沿海地区最为严重的自然灾害之一当属风暴潮引起的灾害。

近年来，随着科技的发展，风暴潮增水的计算手段不断改进，计算精度不断提高。因此，人们对风暴潮在设计基准洪水位中的贡献有了较好的把握。但是，由于人类过度围填海、过度疏浚和采砂，使得近岸海底地形和沿岸岸形发生了很大变化，致使人们在使用历史风暴潮观测资料进行未来风暴潮预测和推算时，失去了部分客观性、真实性和一致性，从而导致计算结果出现偏差。

3.1.5　海啸增水

海啸是指一种具有超强破坏力的海浪；地震海啸是指海底发生地震时，海底地形急剧升降变动引起的海水强烈扰动。海水扰动引起的压力波在深水大洋中的传播非常迅速(约 200 m/s)，当海啸波到达浅水区时，由于海水深度的迅速减小，传播速度骤然下降，海啸波由于其波长减短而波高急剧增高，有时会形成数十米的巨浪，瞬间形成含有巨大能量且具有超强流速的“水墙”，这种高能量的“水墙”会给登陆之处的近岸陆地造成大面积的严重摧毁和淹没。

海啸有远洋海啸和近海海啸两种。前者在远洋形成后，可在大洋中传播数千千米，使千米之外的沿海地区遭受海啸波侵袭；后者是由近海海底地震所引发的，近海海底地震要引发海啸的条件之一是必须有足够大的水深(一般为 1 000 m 以上)。国内外多数专家都认为，我国南海及其周边海域具有引发海底地震海啸的条件。根据已有的观测事实表明，远洋海啸对我国台湾东海岸影响较为明显，但由于受到宽浅大陆架及外海岛链的影响，远洋海啸到达我国沿海时海啸波高已大大减小，对我国沿岸的危害较小[10]。因此，海啸不是我国沿海的主要灾害，但南海及其周边海域的潜在地震海啸威胁仍不能低估。

对于滨海核电厂防洪评价中海啸的影响，我国核安全法规和导则中都有明确要求。核安全法规《核电厂厂址选择规定》[11]中明确规定，在厂址安全评价中必须评价厂址所在区域是否存在影响核电厂安全的海啸发生的可能性。若存在可能性，则必须收集厂址所在的沿岸地区产生海啸的尽可能长期的历史资料，并鉴别其可靠性及其与厂址的相关性。根据收集的资料，估算出所在区域海啸的高度、发生频率及大小。在综合考虑厂址沿岸地形等因素之后，确定设计基准海啸洪水位。另外，核安全导则《滨海核电厂厂址设计基准洪水的确定》[12]中指出，厂址最好选择在不受海啸严重影响的地方，如果核电厂必须建在可能受海啸影响的地方，则应保守地分析由海啸产生的潜在影响，并在设计中按可能最大海啸高度来考虑设计基准洪水位。

3.1.6 假潮

假潮是一种发生在封闭或半封闭海湾中的自由振荡。表现为叠加在潮汐曲线上非潮汐起因的小周期振动，其振动周期取决于海湾的形状、深度和驻波的波节数。假潮的波长与海湾的空间尺度处于同一数量级。假潮产生的主要驱动力是风、气压场的突变，潮汐运动也可能诱发假潮。对于长方形等深海湾，假潮周期可用梅立恩公式计算；对于形状复杂的海湾，只能近似做出估算。因此，当核电厂厂址位于封闭或半封闭水域岸边时，必须考虑出现假潮的可能性。因海水的强振动通常与风暴潮相伴而生，也就是说，假潮通常包括在风暴潮之中。就目前的技术手段而言，在尚无法把两者分离出来的情况下，一般只是将其混合在一起作为风暴潮进行统计或模拟。

3.1.7　波浪

海浪是海洋中的波动现象，其中风浪和涌浪是最引人注目的波动。风浪是指当地风产生且一直处于风的作用下的海面波动状态；涌浪则指海面上由其他海区传来的波动或者当地风迅速减少、平息，或者风向改变后海面上遗留下来的波动[13]。

波浪在空间和时间尺度上都是小尺度的，对滨海核电洪水事件的影响也是小尺度的，因此有学者将不包括波浪在内的设计基准洪水位称为“静水位”，包括波浪在内的设计基准洪水位称为“动水位”。

滨海核电中的洪水事件受波浪的影响比较大，占有重要地位。影响波浪的因素较多，主要有风力、底摩擦和边界条件等。因为风力是主要因素，且风力在各地普遍存在，所以在滨海核电中的洪水事件中，一般都要考虑波浪的影响。但是由于海域的边界不同、水深不同，所以各地的波浪在洪水事件中的影响程度也不同，详细分析将在下文中展开。

3.1.8　径流洪水、气象潮和内波影响

江河洪水的影响只在有大江大河入海口附近建设滨海核电厂时才需要考虑。

气象潮的影响在近海海区较为显著。气象潮是由气象因素(如风、气压、降水和蒸发等)所引起的海面振动现象。振动周期从几分钟到几天，振幅为几厘米到几十厘米，甚至一米以上。

海洋内波是指海洋内部发生的波动现象，它是发生在海水密度层结稳定的海洋中的一种波动，其最大振幅发生在海面以下[14]。内波虽不像海面波浪那样汹涌澎湃，但它隐匿水中，“暗中作祟”，常使人们防范不及，故有“水下魔鬼”之称。内波的破坏力，主要产生在内波的跃层上下，会形成两支流向相反的内波流，流速可高达 1.5 m/s，犹如剪刀一般，破坏力极大。但是就目前观测而言，在近岸海区这种内波所产生的影响则要小得多。

3.2　滨海海水高度主要要素的观测

滨海核电站的安全评价和选址应按照相关法规和设计导则的要求，以

防洪标准为该核电厂防洪设计的根本依据，结合厂址所在地的地形测量图和尽可能长期的水文气象观测资料，分别评价天文潮叠加海平面异常的基准水位，可能出现的最大风暴潮、最大海啸、最大假潮或三者组合的极端洪水事件以及江河洪水和风浪等影响因素，并经过科学合理的组合后确定设计基准洪水位和重要建筑物的安全动态及静态水压力荷载，重要物项应按百分之一大波波高 $H_{1/100}$ 进行设计。

国家核安全局针对滨海核电厂发布的《滨海核电厂厂址设计基准洪水的确定》[15] 中明确规定，设计基准洪水是滨海核电厂址所处海域中的可能出现的最大天文潮、风暴潮、风暴浪、海啸、假潮、海平面变化中的一种或多种组合的洪水位状况。

就目前滨海核电设计基准洪水位的计算而言，主要还是基于对现有的资料进行分析计算，而已有的观测资料主要集中在潮汐和波浪这两个要素上。在我国沿海海洋台站观测中，这两个要素都是分站独立进行观测的。

3.2.1 潮汐观测

在我国台站以及滨海核电厂中一般使用水尺或者验潮站进行潮汐观测，随着技术的发展，自动验潮仪也投入使用。潮位的观测从安全管理和工作便捷性出发，要求尽量靠近海岸，避开波浪显著作用海域。即使如此，对长期站而言，还要增设滤波装置，滤去高频部分，以保证水位记录的准确和光滑（图 3-2）。

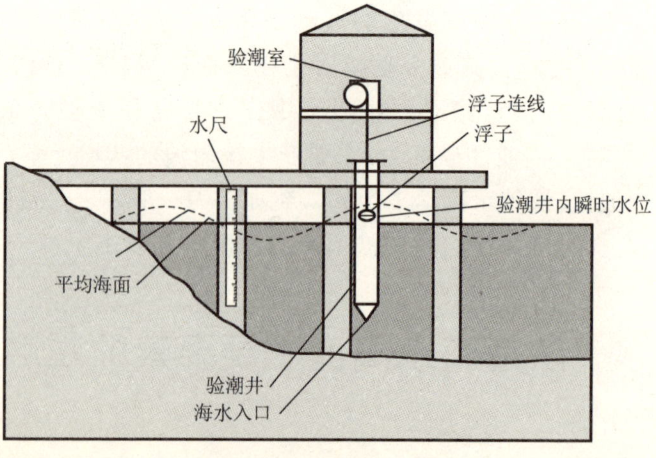

图 3-2　滨海潮位观测

3.2.1.1　水尺观测

潮位最早是使用水尺进行观测的，水尺是最简便的验潮器。这一方法至今仍在一些观测站中使用，特别是一些短期的临时潮位观测。

在验潮站站址确定之后，就要考虑验潮站的设置问题。验潮站的设置主要涉及水尺、水准点及验潮井的设置。

水尺是验潮站观测的基本设备，按形式其设置方法分为直立式、倾斜式、矮桩式和悬锤式四种。

观测频率一般于整点每小时观测一次。在高、低潮前后半小时内，每隔 10 min 观测一次。在水位变化不正常的情况下，要继续按 10 min 的间隔观测直至正常为止。观测值的选取一般是连续读取三个波峰和三个波谷通过水尺的读数，并取其平均值作为水尺读数。在使用水尺进行观测时，还要注意水位的换算问题。

3.2.1.2　验潮井观测

验潮井分为岛式验潮井和岸式验潮井，为了消除海面波动对水位观测的影响，一般在井内设置验潮仪。井筒材料采用钢筋混凝土、铸铁管、钢管、硬质塑料管和玻璃钢等，内径一般为 0. 7 m～1. 0 m，最小也不得小于 0. 5 m。为了能观测到极值水位，安装测井时井口要高于历年最高水位 1. 5 m，井底则低于最低水位 1. 5 m～2. 0 m。测井底部开有进水孔，使测井内外水面变化保持一致。为了排除波动对水位的影响，测井内必须设置消波器（通常采用漏斗形消波器）。消波器上口安装高度在历年最低水位以下 0. 5 m 处，消波器的进水管口径不能过小，也不能过大。其口径过小容易被泥沙或其他杂物堵塞，口径过大则达不到消波作用。

验潮井内的水位观测，按其工作原理可分为：浮筒式水位计、压力式水位计和声学式水位计。目前国外多数采用浮筒式水位计和压力式水位计，而我国多采用浮筒式水位计。

3.2.1.3　自动验潮仪观测

20 世纪 80 年代后期，随着电子技术的进步，自动验潮站有了进一步的发展。声学水位计、水压式验潮仪、自动验潮仪等相继投入使用，大大增加了潮汐观测的精确度。

3.2.2 波浪观测

波浪的观测点设置和潮汐的观测点设置原则完全不同，波浪的观测点要求尽量靠近深水（一般水深要大于 20 m）且处于开敞式海域，才能保证能观测到真实的海浪，而不会因地形的影响使波浪产生变形。

我国进行系统的海浪观测是从 1949 年以后开始的。山东是我国最早的系统地开展海浪工作的省份。最初使用的是光学测波仪，该仪器主要测定波浪的波高、周期、波向和波长，并且还可以测量海面上物体的距离、浮冰的速度及方向。此种测波仪严格说仍然属于目测范围。我国常用测波仪有 HAB-1 型和 HAB-2 型两种。它们借助远处测波浮标的起伏（如图 3-3），作为设于岸边观测台上光学测波仪中上下跳动的格数，来确定波浪的高低。

图 3-3　波浪观测浮标仪

除光学测波仪之外，临时使用的还有测波杆。这是最简单的测波装置，就其设置原理而言，有电阻式、电容式等不同类型。其工作原理是将一测波杆直立于水中，未受海水浸泡的导线电阻（或电容、电感、高频振荡的调频特性等）将随着海面的起伏而变化，然后通过特定记录仪器记录。

随着科技的不断进步，测波仪也有了很大的发展。目前广泛使用的现场海浪观测仪主要有压力式测波仪、重力式测波仪、超声波式测波仪等。压力式测波仪直接布于海底或以潜标形式布放，该类型仪器所观测到的波浪周期偏小；重力式波浪浮标，以测量浮标上下运动产生的加速度来确定波高，该类型仪器在强流区观测效果较差且安全性较差；声学式波浪仪，一般将仪器设置在海底，向海面发射超声波，利用反射声波的传输时间来确定波高。该类型仪器功耗大，海面有泡沫时误差较大，在我国主要用于海洋台站观测。

3.2.3　其他海水的要素的观测及影响

3.2.3.1　气象潮、假潮和内波的观测及影响

在目前的观测手段中，气象潮已包括在水位观测的记录中，或者在风暴潮计算中体现出来，不需要单独计算。而就目前观测而言，在近岸海区内波所产生的影响要小得多，通常不予考虑。

关于假潮，据 20 余年的资料统计分析，山东日照港以北黄、渤海沿岸的一些港湾几乎每年都有 50 cm～100 cm 的较大或大振幅的假潮出现，其中龙口港常有大于 100 cm、最大曾达 317 cm 的特大振幅假潮出现。振幅在 50 cm 左右或以下的假潮基本不具有危害性，但 100 cm 左右的大振幅假潮尤其是大于 150 cm 的特大振幅假潮，由于其升降异常骤猛，无疑会对港湾内的船舶安全、港工建设、滩涂开发以及人们的日常涉海活动等带来很大的危害。针对有可能发生特大振幅假潮的海域，在进行滨海核电设计和建设时应引起足够的重视，并将它们的增水贡献考虑到风暴潮的计算中去。

3.2.3.2　地震海啸的观测及影响

在日本福岛核电事故之后，对于地震海啸引发的海面异常升高已引起我国的高度重视。据历史记载，公元前 780 年以来，我国只发生过 10 次地震海啸，平均 200 年左右出现一次[16]。1949 年以后有详细记录的地震海啸只有 3 次，均没有对我国沿岸造成破坏。例如 1960 年在智利发生 8. 7 级海底地震，引发了有史以来的最大海啸，其在智利沿岸的波高达 24 m，而蒙特港波高则达到 30 m，传播到日本沿岸时波高仍达 6. 1 m，但传到我国香港沿岸及长江口水域时，其波高已分别减为 0. 38 m 和 0. 2 m。

地震波引起的水位增减，要从地震爆发的时段和相对应的潮位中去寻找。已有的观测事实和研究结果表明，海啸不是我国沿海的主要灾害，但南海及其周边海域的潜在地震海啸威胁仍不能低估，目前还没有确切的记录和相关报告来深入论述并科学地证明这个问题。在海啸灾害可能对滨海核电站造成的影响研究中，根据有关数值模拟计算估计：广东岭澳核电厂的可能最大海啸为 0. 38 m；江苏田湾核电厂的可能最大海啸为 0. 51 m；秦山核电厂的可能最大海啸为 0. 53 m；辽宁红沿河核电厂的可能最大海啸为 0. 55 m；山

东海阳核电厂的可能最大海啸为 0. 23 m[17]。

3.2.3.3 海平面高度及影响

海平面变化具有明显的趋势性和波动性。通过近 30 年的研究，我国对此已经有了很好的结论。由于海平面的变化是长期的、缓慢的，因此在每一个核电站的设计中已经得到了足够重视，并且在目前对潮位的观测中，海平面上升也已经包含在潮位的观测之中，对多年的高潮位和低潮位进行平均即可求出多年间的海平面变化过程，如图 3-4 所示。

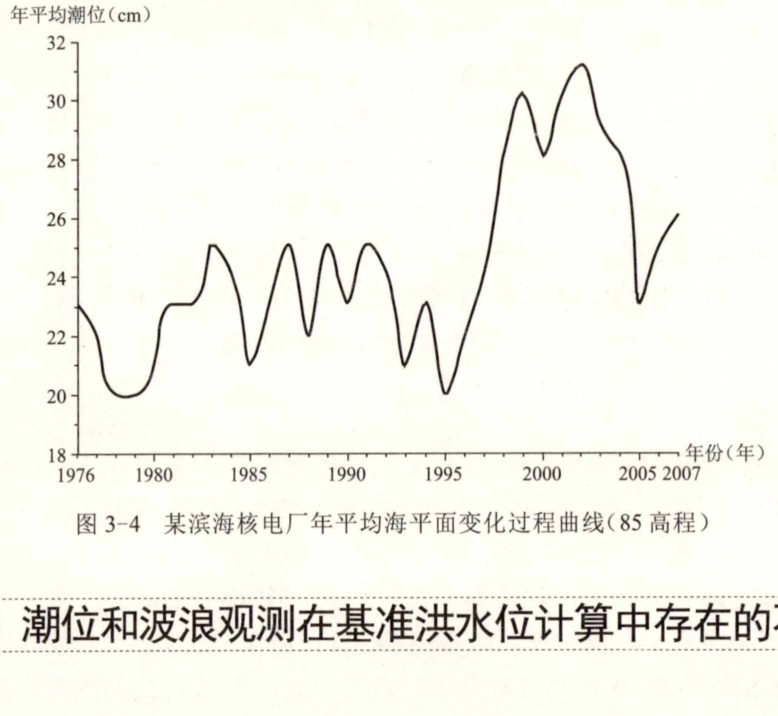

图 3-4　某滨海核电厂年平均海平面变化过程曲线（85 高程）

3.3 潮位和波浪观测在基准洪水位计算中存在的不足

3.3.1 我国现行的基准洪水位计算方法

由波浪与潮位观测方法中可以看出，两者对观测场地和环境的要求是截然不同的。即使在同一天气条件、同一风速及风向的影响下，通过潮汐资料计算的风暴增减水，会因选定观测位置不同而产生不同的结果。通过潮汐资料计算风暴增减水和实际工程点处增减水是有实质差别的。这就产生了目前计算潮水位的两种主要方式——随机法和确定论法。

3.3.1.1　随机法

随机法简单来说是利用潮位观测的实际资料，减去天文潮部分，求得风暴增减水的值做样本，再利用统计学方法，计算多年一遇值。即在统计分析的基础上，选取与历史观测数据相拟合的概率分布函数，借助所选的概率分布函数推导出超越频率曲线，认真考虑偏离点的处理，确定对应于一定概率的置信区间，用历史特大风暴潮资料（如果能收集到这种资料并经过考证）作为检验。这样就可以推导出不同重现期的风暴潮增水。对随机法来说，历史记录越长，则在确定分布的参数值推算中的不确定性越小。随机法需要在该区域内有长时间连续可靠的风暴潮资料，以风暴潮数据作为随机分析的基本数据，并与厂址附近风暴潮求相关，即将一年以上的实测资料作为统计依据，建立相关方程，或者通过数值计算结果建立相关。

但是，由于潮位观测点要尽量避开风暴影响区，这就导致风暴潮资料代表性较差。它只能反映潮位观测点处的风暴增水，与工程点处的风暴增水有很大差别。例如，青岛潮位站是在胶州湾内大港附近，如果要用大港潮位观测资料研究胶州湾外某一工程区，如薛家岛的金沙滩处风暴潮增水，由于观测位置的不同，显然直接使用是不行的。因此产生了第二个方法——确定论法，以计算风暴潮增水。

3.3.1.2　确定论法

利用经验的模型或者利用以描述该系统的物理关系式为基础的模型，对于已知输入值或者已知一组初始边界条件，模型将给出一个或一组描述该系统情况的数值。为了获得“保守”的估计，应采用输入参数合适的极限值或保守值。HAD101/09 指出，用确定论法推求可能最大风暴潮需要建立一组极大化的假设风暴，使其移到某位置时正好使厂址产生可能最大风暴潮，然后将这种风暴参数输入适当的风暴潮模型中去。因此，应用确定论法来推求可能最大风暴潮 PMSS 的关键性因素有两个：一是建立一个极大化的假设风暴——可能最大热带气旋（PMTC），PMTC 参数的确定不能仅靠台风年鉴，对一些重大台风要尽量进行现场调查，收集尽可能多的资料，如果可能的话应走访当事人，以便准确地把台风的强度、登陆时间和登陆地点确定下来；二是选择一个经过充分检验适用于厂址附近海域的风暴潮数值计算模式，模式计算域要足够大，厂址附近要有足够高的空间分辨率[18]。

确定论法的参数对可能最大风暴潮增水非常敏感，这就给可能最大风暴潮的确定论法带来较大的不确定性。比如，在选择可能最大热带气旋PMTC的各个参数时有一定的主观性，有些参数在海上是很难观测到可靠资料的，因此在计算中一般都要加入水文和气象专家的经验判断，鉴于核电厂安全的重要性以及目前没有合适的方法来评价计算结果的安全水平，这种做法往往会造成可能最大风暴潮最终取值相对保守的可能。

我国沿海很多地区都有长期完整的风暴潮资料。对于目前已有50年以上资料并且能收集到历史特大风暴潮的地区，采用随机法计算可能最大风暴潮并用确定论法校核历史特大风暴潮，这应该是很有利的。一般说来，在两种方法都可以使用的条件下，应该用两种方法计算。如果两种方法的计算结果都合理，则应将两种不同方法的计算结果进行综合分析和比较论证后，确定选用安全且合理的最大风暴潮。

将确定论法计算的风暴潮和多年一遇极值波高作为独立变量进行组合，按核安全导则《滨海核电厂厂址设计基准洪水的确定》(HAD101/09)要求，给出设计的基准洪水位计算方法：

(1) 设计基准洪水静水位 = 10%超越概率天文高潮位 + 可能最大风暴潮增水 + 海平面上升；

(2) 设计基准洪水动水位 = 10%超越概率天文高潮位 + 可能最大风暴潮增水 + 海平面上升 + 不同设计水深处的可能最大台风浪波高($H_{1/100}$) × 0.6。

其中对波浪要做以下特别解释：可能最大台风浪波高($H_{1/100}$) × 0.6，是由于考虑了波高关于静水位上下波动的不对称性，波浪在静水位上下波动，应取波高的50%作为波浪影响参加计算，但考虑到确保核电工程的安全性，偏于保守因而取波高的60%参加计算；不同设计水深处的波高，是考虑核岛前缘防浪堤的水深。

以上设计基准洪水位的计算中没有考虑地震海啸和假潮，这是因为，中国沿海海域主要是浅海，大陆架宽广，而且由于岛链阻隔，地震波传到近海能量消耗很大，因而地震水位影响不大，且与其他主要洪水影响因子的重现度很低，所以略去。同样，假潮在开敞的近海影响也很小，一般不超过50 cm，只有在半封闭的港湾中才应予以考虑。海平面上升是一个年代际的平均结果，因此本书不做讨论。

从上述关于基准洪水位的计算方法，我们可以看出有静水位和动水位，二者的区别在于静水位不考虑波浪的影响，而动水位则考虑波浪的影响。在滨海核电的基准洪水位设计中，除了考虑天文潮和可能最大风暴潮水位的影响外，越浪漫堤现象同样是不可忽视的，静水位不能保证核电主体安全结构在遭受可能最大台风浪时的安全，因此实际海洋中的波浪因素的影响不可忽略。本章后文所指的基准洪水位均为考虑波浪影响的动水位。

3.3.2　现有计算设计基准洪水位方法的不足及建议

上文中我们提到，基于海洋要素不同尺度的考虑，人们出于研究及观测手段的限制，将海水孤立地割裂为波浪、潮汐、天文潮、假潮、海啸、内波、环流等要素。因此，人为地设定了海洋要素的分离观测方式，建立了不同形态的数学物理框架，在合理假定和简化情况下进行物理过程的解析表达，取得了一些重要研究成果，加深了对海洋运动的认识。但也正因如此，对于极端事件的考虑，人们也往往只考虑每个单独要素的极端情形，而忽略了它们之间的必然联系。然而，海洋科学作为一门系统科学，海水运动也是一个整体性的动力系统，不同运动形态之间存在不可忽略的相互作用，人为地将不同尺度的海水运动割裂开来的观测和研究不足以完善现有的理论和模型，也不能真实地展现海水的真实运动，也必将降低计算结果的可信度和真实性，提高基准洪水的风险率。

在 1998 年国家核安全局发布的《滨海核电厂厂址设计基准洪水的确定》[19] 中就明确规定：设计基准洪水是滨海核电厂址所处海域中可能出现的最大天文潮、风暴潮、风暴浪、海啸、假潮、海平面变化中的一种或多种组合的洪水位状况。“可能出现的最大”概念便是基于确定论或者随机论思想的单要素极端情况的考虑。可能最大风暴潮增水或可能最大台风浪，用随机论的思想，通过收集长期的风暴潮增水和波浪的年极值资料，运用极值推算多年重现水平来确定。随机论法又包括独立事件组合频率法和相关事件直接推算法。独立事件组合频率法，将水位和波浪作为独立事件组合；相关事件直接推算法，基于多年来人们观测到的大浪往往伴随着大潮的事实，将水位和波浪作为相关事件，认为极端波浪事件与极端水位事件同步发生，即极端波浪事件是在水位随机事件发生时的必然事件。由于波浪和增水二者往往不完全独立，组合洪水位事件在现实中发生的概率可能要比独立事件组合频率法计算的概率大，比相关事件直接推算法计算的概率小，即实际发生概率介于两者之间。

而随机论法所建立的极大化的可能最大假设风暴 PMTC 参数的确定是往往取气旋中心最低气压和最大风速的千年一遇重现水平作为 PMTC 参数的推荐值，但是出于台风路径、登陆地点等的随机性考虑，PMTC 参数的千年一遇并不代表可能最大风暴潮或可能最大台风浪的结果也是千年一遇。因此，不论是 PMTC 参数的确定论还是随机论方法，均无法给出可能最大风暴潮或可能最大台风浪的确定保证率，即无法给出基准洪水位的确切保证率，导致无法正确评价设计基准洪水的重现期概率，这就给滨海核电的安全管理带来了风险隐患。

简言之，在实际海洋中，仔细研究一个观测站的风暴潮和波高对应系列，发现风暴潮增水和波高是具有相关性的。确定论的思路是将二者作为独立变量来考虑，获得有一定保证率的设计基准洪水位结果(保证率一般确定为 10^7)。由于风暴潮增水和极值波高具有一定的相关性，因此，评价现行设计基准洪水组合的合理性和保守性，探索可能改进的措施，对滨海核电的防洪设计是具有重要意义的。

基于对上述不足的分析，考虑海水诸要素之间的耦合关系，我们可以得出基准洪水位的理论最佳计算方法应该是：

(1) 在工程点处有每个时刻的潮位(包括天文潮和风暴潮)与波浪的叠加观测值，即“真实水位”的观测。然后选取逐年最大值，利用概率论数理统计方法 Pearson-Ⅲ、Gumbel 等推算，求出“真实水位”的多年一遇极值和概率；

(2) 在“真实水位”的多年一遇极值的基础上，根据目标海域的情况分析其他影响因子如海平面上升、假潮等的实质影响，最终确定得出基准洪水设计值。

对上述设计基准洪水的最佳计算方法，我们提出可以用海面真实高度即海水高度来参与基准洪水的计算，但由于缺乏海水真实高度的观测资料，本书特提出通过用“同步高度法”来构建以往的海水高度的序列值，弥补历史数据的缺失。

因此，本书就此提出新的思路来解决现有计算方法和观测方法中存在的不足之处，以提升滨海核电设计基准洪水位的精确度和可信度。

3.4 海水高度和“同步高度法”

本节基于海水高度的思想，考虑了不同海水要素之间的耦合关系，将海水高度引入设计基准洪水 DBF 的计算中。由于利用海面真实的高度来计算，因而使得设计基准洪水 DBF 的保证率具有科学性和真实性，从而能够正确地评价设计基准洪水的风险发生概率。鉴于现有海水高度资料不足的问题，本书提出了“同步高度法”来实现历史资料的重构，运用极值推算理论，推算海水高度的极值重现期水平。

3.4.1 海水高度的定义及优势

海水高度是指海水表面的高度，其一般意义是：在平均海平面之上叠加了天文潮面高度、风暴潮面高度和波浪波峰面高度及其他各种动力机制下增减水面高度的综合海面的高度。

海水表面高度是各种滨海、海洋设施中防止淹没的最重要的环境指标。瞬时海面高度本身已经含有各种因素的耦合，利用瞬时海面高度的连续多年极值资料，运用一元极值理论分析，就可以方便地计算多年一遇洪水位设计值。

海面高度的记录也具有很大的工程、经济和社会效益。在工程上，可以给予设计水位或防洪高度真实的保证率估计；在经济上，核电站的寿命在几百年，在设计防洪高度时，有了准确的保证率，就可以在高度设计上综合考量经济性和安全性，而不是确定论思想的最“保守”结果；在社会上，对于防洪高度有更清晰的概念和认知，节省的闲余资金可用于其他投资，使得投资更有效率。

3.4.2 “同步高度法”构建海水高度序列的思路

在滨海核电的设计基准洪水推算中，年极值海洋要素是计算的基础。目前可以搜集到的两份典型资料为：波高极值与同步增水资料，增水极值与同步波高资料。如果没有对应的资料，可以通过建数模的方法解决。例如，有实测风暴潮增水年极值和确定时间，但是没有对应时刻的波高($H_{1/100}$)，可以通过建数模再现当时的风场，推算出当时的同步波高($H_{1/100}$)；反之，有逐年波高($H_{1/100}$)年极值和发生的确定时间,但是没有对应的风暴潮增水,我们亦可用数模再现当时的风场,推算出当时的同步风暴潮增水。

在现有资料的基础上,同步高度法构建海水高度序列的思路是以增水或者波高($H_{1/100}$)的年极值为基点,选取对应时刻的波高($H_{1/100}$)或增水值,二者相加作为海水高度的极值序列,继而采用一元极值理论进行相关推算,推算一定重现期水平下的极值水位,同步高度法共有两种构建形式:

(1) 年极值增水 + 对应时刻的同步最大波高($H_{1/100}$) × 0.6

(下文中简称"增水极值 + 同步波高");

(2) 年极值最大波高($H_{1/100}$) × 0.6 + 对应时刻的同步增水

(下文中简称"波高极值 + 同步增水")。

其中在第一种构建方法中使用的某海洋站逐年极值水位实测资料,加上对应时间深水区百分之一大波波高的60%,作为当时实测海水高度。然后用此连续的逐年海水高度资料,使用前述的Gumbel分布、Weibull分布和Pearson-Ⅲ分布方法,来求多年一遇海面高度,作为基准洪水位高度。这从合理性角度来看,要比传统组合方法更令人信服。但是,正如前文所说,实测的年极值水位是否能代表工程点处水位极值尚待考究,对此在后文中我们将深入讨论。

在第二种构建方法中,我们使用某海洋站逐年深水区百分之一大波波高的60%,加上对应时间潮位的增水高度资料,作为当时实测海水高度。然后用此连续的逐年海水高度资料,使用前述的Gumbel分布、Weibull分布和Pearson-Ⅲ分布方法,求多年一遇海水高度。由于此时所计算的多年一遇的海水高度采用的是近乎真实的海水高度序列,因此在利用它参与计算设计基准洪水时,可真实、可靠地反映该设计水位的重现期水平,由此给滨海核电的外部海洋环境管理提出科学的、合理的风险评价依据。

3.4.3 极值分布推算方法概述

在收集了某海洋要素的长时间资料序列之后,可以使用极值概率分布推算理论来分析其重现期或重现水平。这里,我们给出极值概率推算公式。

极值计算公式如下。

(1) Gumbel分布。

概率密度函数:

$$f(x;\mu,\sigma)=\sigma^{-1}\exp\left(-\frac{x-\mu}{\sigma}\right)\exp\left[-\exp\left(-\frac{x-\mu}{\sigma}\right)\right],-\infty<x<+\infty \tag{3-1}$$

分布函数：

$$f(x;\mu,\sigma)=\exp\left[-\exp\left(-\frac{x-\mu}{\sigma}\right)\right],-\infty<x<+\infty \tag{3-2}$$

（2）Weibull 分布。

概率密度函数：

$$f(x;a,b)=ba^{-b}x^{b-1}\exp\left[-\left(\frac{x}{a}\right)^{b}\right],x>0 \tag{3-3}$$

分布函数：

$$f(x;a,b)=1-\exp\left[-\left(\frac{x}{a}\right)^{b}\right],x>0 \tag{3-4}$$

（3）Pearson-Ⅲ分布。

概率密度函数：

$$f(x;\alpha,\beta,x_0)=\frac{\beta^{\alpha}}{\Gamma(\alpha)}(x-x_0)^{\alpha-1}\exp[-\beta(x-x_0)],x>x_0 \tag{3-5}$$

分布函数：

$$f(x;\alpha,\beta,x_0)=\frac{\beta^{\alpha}}{\Gamma(\alpha)}\int_{x_0}^{x}(t-x_0)^{\alpha-1}\exp[-\beta(t-x_0)]\mathrm{d}t,x>x_0 \tag{3-6}$$

在下文的案例分析中，我们将采用 Weibull、Gumbel 和 Pearson-Ⅲ极值分布，来对同步高度法构建的海水高度序列进行极值重现期推算。

3.4.4 案例分析

广西白龙核电厂址位于防城区江山乡白龙村，地处江山半岛的最南端，厂址东、南、西三侧临北部湾海域，属滨海厂址，厂址地理坐标为：北纬 21°30′26″，东经 108°13′23″。厂址北距防城港市江山乡乡政府驻地约 15 km，东北距防城港市区 17. 3 km。广西白龙核电厂地理位置见图 3-5。

以白龙核电站为例，收集了增水极值与同步波高、波高极值与同步增水的资料，运用同步高度法重新构建海水高度序列。

图 3-5　广西白龙核电厂工程位置示意图

3.4.4.1　海水高度的构建

我们收集到了 1992～2011 连续 20 年的白龙核电站的增水极值与同步波高、波高极值与同步增水的资料，根据上文中所提出的两种海水高度的构建方式，分别给出两种方法下所构建的海水高度的不同序列，构建结果见表 3-1 和表 3-2。通过两个表格可以明显地看出，增水极值与波高极值的发生时间具有不一致性。

表 3-1　“增水极值 + 同步波高”所计算的海水高度资料

年份	年增水极值(m)	增水时间 (年月日时分)	对应波高 $H_{1/100}$ (m)	海水高度(m)
1992	1. 23	19920619. 1400	3. 68	3. 44
1993	0. 58	19930821. 2351	4. 80	3. 46
1994	0. 55	19940907. 1610	4. 32	3. 14
1995	0. 95	19951013. 1543	2. 88	2. 68
1996	1. 28	19960909. 1738	2. 08	2. 53
1997	0. 59	19970823. 1000	1. 92	1. 74
1998	0. 44	19980114. 0447	2. 23	1. 78
1999	0. 56	19990502. 1750	2. 40	2. 00
2000	0. 45	20001016. 1802	3. 68	2. 66

续表

年份	年增水极值(m)	增水时间（年月日时分）	对应波高 $H_{1/100}$（m）	海水高度(m)
2001	0. 71	20010703. 0400	4. 32	3. 30
2002	0. 64	20020730. 1059	2. 72	2. 27
2003	2. 12	20030826. 0030	5. 60	5. 48
2004	0. 47	20040309. 2150	2. 08	1. 72
2005	0. 71	20050919. 0009	2. 72	2. 34
2006	0. 60	20060704. 1700	2. 08	1. 85
2007	0. 53	20071003. 2300	4. 00	2. 93
2008	0. 71	20080924. 1500	3. 68	2. 92
2009	0. 38	20090916. 0700	1. 77	1. 44
2010	0. 85	20100717. 1800	6. 40	4. 69
2011	0. 77	20110930. 0800	5. 43	4. 03

表 3-2　“波高极值 + 同步增水”所计算的海水高度资料

年份	年极值波高 $H_{1/100}$（m）	出现时间（年月日时分）	与波高同步水位（m）	海水高度(m)
1992	5. 12	19920619. 1800	0. 45	3. 52
1993	5. 60	19930822. 0251	0. 38	3. 74
1994	5. 60	19940907. 1210	0. 26	3. 62
1995	4. 17	19951013. 1143	0. 48	2. 98
1996	4. 32	19960909. 1438	0. 87	3. 46
1997	3. 52	19970823. 0600	0. 38	2. 49
1998	4. 00	19980114. 0847	0. 21	2. 61
1999	3. 68	19990502. 2150	0. 21	2. 42
2000	4. 48	20001016. 2202	0. 18	2. 87
2001	4. 80	20010703. 0000	0. 45	3. 33
2002	3. 20	20020730. 1259	0. 41	2. 33
2003	6. 40	20030825. 2030	1. 75	5. 59
2004	4. 00	20040310. 0050	0. 23	2. 63
2005	3. 83	20050918. 2009	0. 41	2. 71

续表

年份	年极值波高 $H_{1/100}$（m）	出现时间（年月日时分）	与波高同步水位（m）	海水高度（m）
2006	4. 17	20060704. 2100	0. 38	2. 88
2007	5. 77	20071003. 1900	0. 24	3. 70
2008	5. 12	20080924. 1700	0. 54	3. 61
2009	4. 48	20090916. 0500	0. 26	2. 95
2010	7. 20	20100717. 1800	0. 46	4. 78
2011	7. 03	20110930. 0800	0. 36	4. 58

3.4.4.2 “增水极值 + 同步波高”构建下的海水高度重现期

利用表 3-1 中构建海水高度的序列资料，分别用 Weibull、Gumbel 和 Pearson-Ⅲ极值分布推算重现期水平。图 3-6 为海水高度（增水极值 + 同步波高）Gumbel 的双对数直线图，图 3-7 为海水高度（增水极值 + 同步波高）的 Pearson-Ⅲ正态坐标纸曲线图，Weibull 计算图略去。

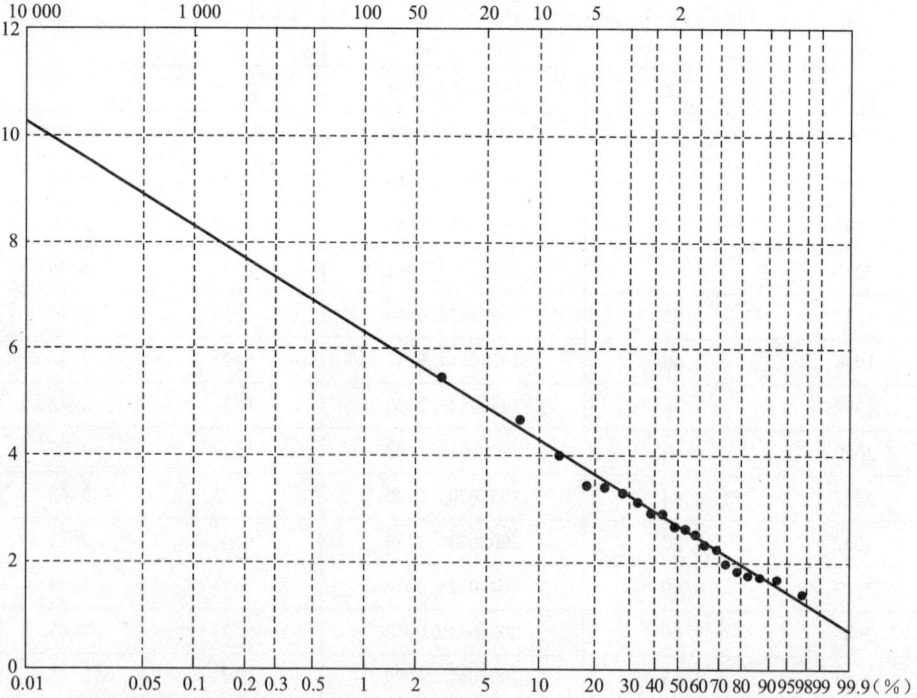

图 3-6　海水高度（增水极值 + 同步波高）的 Gumbel 双对数直线图

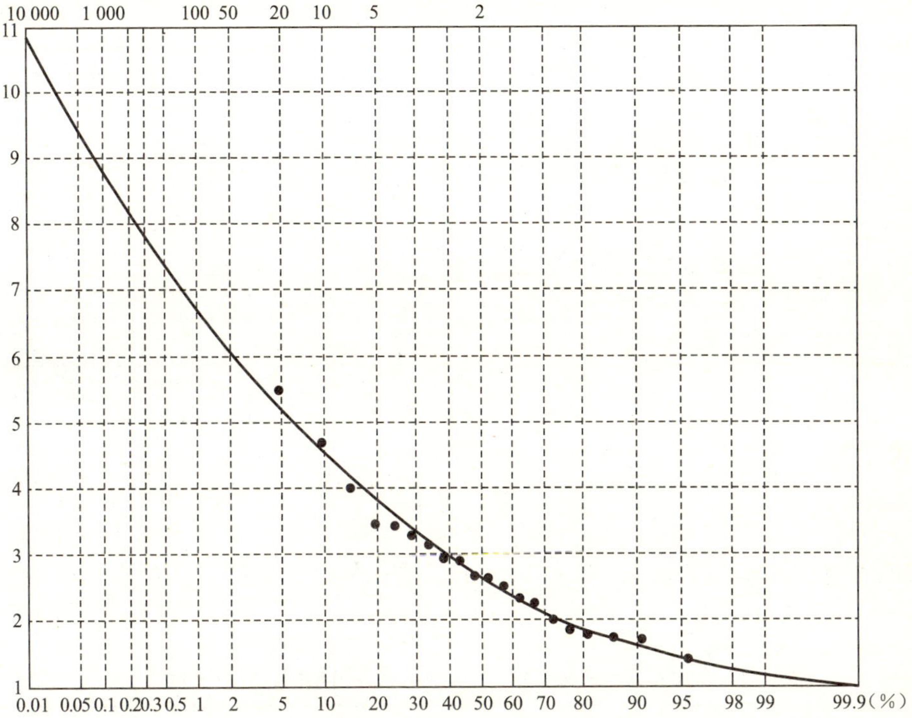

图 3-7　海水高度(增水极值 + 同步波高)的 Pearson-Ⅲ正态坐标曲线图

通过计算得出不同概率方法下的海面高度的重现期水平,见表 3-3。其结果显示,使用不同概率方法得到的重现期水平是有很大差别:Weibull 方法计算结果最小,Pearson-Ⅲ比 Gumbel 的计算结果稍大,两者很相近,可以取其平均值或者为了保守起见,取较大的 Pearson-Ⅲ结果也可以。

表 3-3　海水高度(增水极值 + 同步波高)不同重现期的重现水平

重现期	Gumbel	Weibull	Pearson-Ⅲ
2	2. 67	2. 79	2. 63
5	3. 64	3. 73	3. 76
10	4. 27	4. 22	4. 50
20	4. 89	4. 62	5. 20
33	5. 32	4. 87	5. 69
50	5. 68	5. 06	6. 09
100	6. 27	5. 35	6. 73

续表

重现期	Gumbel	Weibull	Pearson-Ⅲ
200	6.86	5.62	7.37
500	7.64	5.94	8.19
1000	8.23	6.16	8.81
10000	10.19	6.80	10.80
100000	12.15	7.34	12.75
1000000	14.10	7.82	14.67

3.4.4.3 “波高极值 + 同步增水”构建下的海水高度重现期

仍然采用广西白龙核电站实测资料对海水高度第二种方法构建方法即“波高极值 + 同步增水”的序列资料(表 3-2)进行海水高度的重现期推算，同样采用 Gumbel、Pearson-Ⅲ和 Weibull 方法(图略去)进行极值推算，结果见表 3-4 和图 3-8、图 3-9。

表 3-4 海水高度(波高极值 + 同步增水)不同重现期的重现水平

重现期	Gumbel	Weibull	Pearson-Ⅲ
2	3.21	3.35	3.20
5	4.03	4.13	4.15
10	4.57	4.52	4.77
20	5.09	4.83	5.35
33	5.46	5.02	5.75
50	5.76	5.16	6.08
100	6.26	5.38	6.61
200	6.76	5.57	7.13
500	7.42	5.79	7.81
1000	7.92	5.95	8.31
10000	9.58	6.39	9.94
100000	11.24	6.76	11.53
1000000	12.90	7.08	13.09

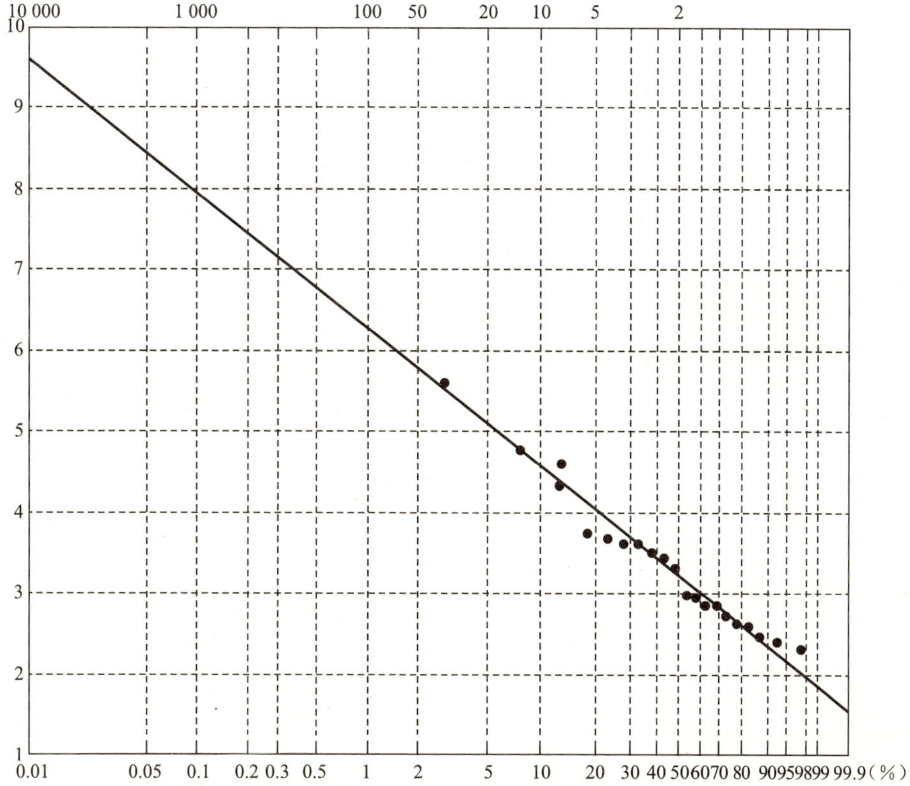

图 3-8　海水高度(波高极值 + 同步增水)的 Gumbel 双对数直线图

由上述计算可知,海水高度的不同重现期,在使用不同概率方法计算时得到的重现期水平是有很大差别的。Weibull 方法计算结果最小,Pearson-Ⅲ相对 Gumbel 的计算结果较大,但两者很相近,可以取其平均或者为了保守起见,取 Pearson-Ⅲ的结果亦可。

3.4.5　“同步高度法”与传统方法的对比

本小节采用广西白龙核电和阳西核电实测数据,分别使用“传统方法”和“同步高度法”对基准洪水位设计值进行对比分析。

3.4.5.1　白龙尾核电对比分析

在同样的千万年一遇的重现期水平,即基准洪水位的保证率在 10^7 的条件下,可得出以下两种结果。

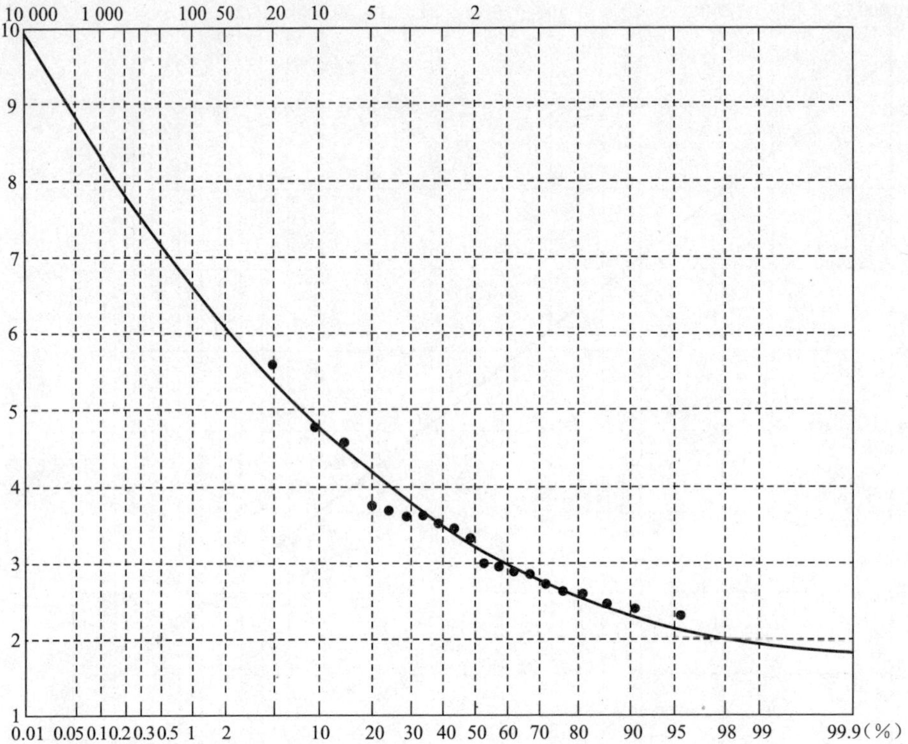

图 3-9　海水高度(波高极值 + 同步增水)的 Pearson-Ⅲ正态坐标曲线图

(1)“传统方法”下基准洪水位的计算结果。

基准洪水位 = 3. 22(10%超越概率天文高潮位) + 4. 89(可能最大概率风暴增水) + 11. 09(极值波高的千年一遇重现水平) × 0. 6 = 14. 76(m)

(2)“同步高度法”下基准洪水位计算结果。

①“增水极值 + 同步波高”法求得的基准洪水位。

基准洪水位 = 3. 22(10%超越概率天文高潮位) + 14. 67 = 17. 89(m)

②“波高极值 + 同步增水”法求得的洪水位。

基准洪水位 = 3. 22(10%超越概率天文高潮位) + 13. 09 = 16. 31(m)

3.4.5.2　阳西核电站的对比分析

在同样的千万年一遇的重现期水平,即基准洪水位的保证率在 10^7 的条件下,可得出以下两种结果。

(1)“传统方法”下基准洪水位的计算结果。

基准洪水位 = 2.63(10%超越概率天文高潮位)+ 5.12(可能最大风暴潮增水)+ 11.43 × 1.6(波高极值的千年一遇重现水平)× 0.6 = 18.72(m)

(2)“同步高度法”下基准洪水位的计算结果。

①“增水极值 + 同步波高”法求得的基准洪水位。

基准洪水位 = 2.63(10%超越概率天文高潮位)+ 14.67 = 17.30(m)

②“波高极值 + 同步增水”法求得的基准洪水位。

基准洪水位 = 2.63(10%超越概率天文高潮位)+ 17.34 = 19.97(m)

以上计算结果所用数据均取自作者所参与研究的课题内部报告《滨海核电厂设计基准洪水概率分析研究》,此处略去计算过程,只取结果。

由上面两种方法对比结果可以看出,在同样保证率的前提下,用“波高极值 + 同步水位”作为取值系列,计算出来的洪水位要高出确定论方法 1 m 左右,用极值水位加上同步波高计算结果,比确定论方法低 1 m 左右。

3.4.6 “同步高度法”的计算结果讨论

在重现期都相同的情况下,取千万年一遇即保证率为 10^7 时,当前通用的核电设计基准洪水位的计算结果,都小于“同步高度法”中“波高极值 + 同步增水”的计算结果 1～2 m。由于“同步高度法”所计算的基准洪水采用海水真实高度的序列,从而有效地规避了传统方法中将潮汐和波浪作为独立事件来计算的不足,可近乎真实地反映设计洪水位的重现期水平,由此给滨海核电的外部海洋环境管理提出科学的、合理的风险评价依据。

如果把“同步高度法”保证率降到 10^6 即重现期水平为百万年一遇,则传统方法和“同步高度法”中“波高极值 + 同步增水”的推算结果比较一致。“传统方法”与“同步高度法”两种方式计算结果的具体比较详见表 3-5。

表 3-5　确定论法与同步高度法不同保证率下洪水位

站点	具体计算方法		不同保证率下设计洪水位高度(m)	
			10^7	10^6
广西白龙核电站	传统计算方法		14.76	
	同步高度法	波高极值 + 同步增水	16.31	14.75
		增水极值 + 同步波高	17.89	15.97

续表

站点	具体计算方法		不同保证率下设计洪水位高度(m)	
			10^7	10^6
阳西核电站	传统计算方法		18.72	
	同步高度法	波高极值 + 同步增水	19.97	18.82
		增水极值 + 同步波高	17.30	16.10

从表中可以看出，用“增水极值 + 同步波高”所构建的海水高度的计算结果有偏差。本书认为原因有以下几点。

(1) 本书在上述研究中已提出，由于潮汐和波浪观测方法以及选取观测站点的不同，导致了风暴增(减)水的代表性问题。当前所利用的水文站的资料，波浪观测点是尽量靠近深水区域，其代表性较好。而潮位站，由于观测要求的特殊性，潮位点设置则尽量避开波浪影响较大的水域。也就是说，波浪观测点要开阔，潮位点则要隐蔽，要避开大浪的方向。于是风暴潮潮高只是潮位站处风暴增水值，并不能代表深水波浪观测点处风暴潮的潮高。而我们用波高极值与同步增水组成的“同步高度法”中，风暴潮潮高是用波高极值出现时间的风场计算得来的，所以相符性很好。而用增水极值与同步波高组成的“同步高度法”求得的基准洪水位”与传统计算方法相差较大，则是因为增水极值只能反映潮位观测站点处的局部增水特征，并不能真实代表波浪观测点处的增水特征。

(2) 本书所建立的“同步高度法”，风暴潮和波浪都是在同一天气系统下出现的。因此，有效地规避了将海水中的要素风暴潮与波浪作为独立变量来考虑的计算不足，有效地提高了设计基准洪水位的真实发生概率的准确度和可信度。由两者总成的洪水位保证率，应该小于作为独立变量的保证率。

(3) 传统计算方法是把风暴潮与波浪当作独立变量，把两个独立变量的保证率相乘，其结果保证率自然会偏高。上述对比结果证明了将波高与增水做独立变量的假定并不合理，在考虑两者的相关性后，即引入海水高度的计算后，保证率降低了一个数量级。

3.5 滨海核电及海洋台站关于设计基准洪水位的管理建议

3.5.1　建立新要素海水高度的观测

上节提出,采用数学方法将水位和波浪进行耦合并不十分符合海洋实际情况。为了更真实地反应和推算极端洪水位,因此引入了能够真实反映海水真实高度的海水高度参与计算设计基准洪水位。海水高度是指海水表面的高度,其一般意义是:在平均海平面之上叠加了天文潮面高度、风暴潮面高度和波浪波峰面高度及其他各种动力机制下增减水面高度的综合海面的高度。从该描述中就可以看出,海水高度要素的提出,规避了将海水诸要素割裂开来独立研究时所产生的不足,有效地耦合了海水诸要素之间不可割裂的相互作用。

长久以来,人们在海滨和海洋观测中,从来没有进行过长时间的海水高度的直接观测,因此没有相应的资料积累,也没有海面实际高度意义上的重现期推算。这就要求在今后的观测中增加海水高度的观测,对现有的仪器设备而言,只要稍作改动,就可获得海水高度的测量值。例如,可在水底设置水压力传感器或者在海表面设置多波速测量仪,当然其他可测量海底至海表面高度的仪器也是可用的。因此,在常规的海洋站的观测因素中,添加海水高度的观测记录值并不困难。

3.5.2　探索新要素海水高度的计算方法

新要素的观测必将导致新计算方法的出现。由于海水高度本身已经含有各种因素的耦合,因此今后在收集到长时间的海水高度的序列资料之后,运用一元极值理论可以方便地推算设计基准洪水位,更为直观、科学。这对于以后相关海洋工程的设计水位或防洪高度的设计值将具有重大的实际意义。

而就目前而言,没有实测的海水高度序列资料,本书建议利用“同步高度法”中“波高极值 + 同步增水”的构建方法推求海水高度的近似序列,并利用其进行设计基准洪水位的计算。由于其是海面高度的一种真实情况的近似反映，这个计算结果可以在一定程度上作为参考，作为基准洪水位复核的辅助验证手段。

3.6 小　结

本章主要研究滨海核电传统的设计基准洪水位计算方法中存在的不足，基于海水高度的思想，考虑了不同海水要素之间的耦合关系，将海水高度引入设计基准洪水的计算中。利用海水真实高度计算，使得设计基准洪水保证率的科学性和可靠性大大增强，从而能够正确地评价设计基准洪水的风险发生概率。鉴于现有海水高度资料不足的问题，本书又提出了“同步高度法”来实现历史资料的延续，并提出在今后的海洋要素观测中增加海水高度的观测。总结如下。

（1）决定海水高度的主要因子包括：滨海地基下沉、海平面异常上升、潮汐变化、风暴潮增水、地震海啸增水、假潮、波浪、径流洪水、气象潮和内波影响等，并论述各要素的观测方法和对设计基准洪水位影响作用的大小。

（2）基准洪水位主要影响因素为可能最大风暴潮和极值波高，在滨海核电设计基准洪水位现有计算中，应采用不同的数学方法对二者进行推算，综合分析和比较论证后，确定选用安全且合理的计算结果。

（3）从现有的设计洪水位计算方法进行深入分析研究，指出现有方法中将波浪和潮汐作为两个独立变量来计算的不足之处。据此，引入海水高度的概念，论述海水高度的优势和合理性，指出海水高度是海面真实高度的反映，它耦合了海水诸多因素之间的关系，是在平均海平面之上叠加了天文潮面高度、风暴潮面高度和波浪波峰面高度及其他各种动力机制下增减水面高度的综合海面的高度。

（4）在现有资料条件下，提出采用“同步高度法”进行海水高度序列的构建，并利用一元极值理论进行设计洪水位的计算，定量指出其合理性。本书所建立的“同步高度法”，风暴潮和波浪都是在同一天气系统下出现的，因此，有效地规避了将海水中的要素风暴潮与波浪作为独立变量来考虑的计算不足，有效地提高了设计基准洪水位的真实发生概率的准确度和可信度。

（5）以广西白龙和阳西核电为例，对传统方法和本书提出的“同步高度法”计算得到的设计基准洪水位进行可信度分析，定量指出传统计算方法和

“同步高度法”的差异之处，并指出这种差异性产生的原因：采集到的海洋要素受地形影响，不一定具备代表性。

(6) 在现有条件下，给出今后海水高度要素的管理建议。

① 对海洋台站而言，采用现有的压力仪器及多普勒测量仪等可以方便地获取海水高度的序列资料，建议今后海洋管理部门及滨海电厂在海洋观测中增加该要素的观测与记录。

② 对计算方法而言，海水高度要素为单要素，可以采用一元极值理论进行研究计算，这使得今后计算设计基准洪水位更为直接、客观。

第4章 海洋生态文明建设条件下的滨海核电管理研究

4.1 滨海核电排废液体概述

4.1.1 滨海核电用水需求分析

在分析滨海核电的废液排放管理前，首先要弄清楚核电废液的来源及分类。因此，本节首先将核电站用水情况进行简单的介绍及分析。

我们知道，核电站主要由核岛和常规岛两大部分组成。核岛的核心（一回路）主要包括反应堆、冷却剂泵、蒸汽发生器、稳压器等。除了这些设备外，核岛内还有一些安全和辅助系统，如化学和容积控制系统、设备冷却水系统、余热排出系统和安全注入系统、放射性废物处理系统及硼回收系统、反应堆安全壳及安全壳附属系统等。常规岛系统由二回路系统（包括蒸汽系统、汽轮发电机组、凝汽器、蒸汽排放系统、给水加热系统和辅助给水系统等）、循环冷却水系统、电气系统及厂用电设备组成。图4-1简明地给出了核电站运行的工作原理示意图。

核电站在运行过程中，通过三个回路（即一、二、三回路）实现核能→热能→机械能→电能的能量转换过程。在这个过程中，海水被抽取利用到核电站的循环水系统、循环水处理系统、辅助冷却水系统和重要厂用水系统这四个系统中。从用水量上来看，四个系统中用水需求较大的为循环水系统，最少的为重要厂用水系统。由此可见，海水主要被用于三回路中。海水在此的主要作用是保证汽轮机的背压，带走凝汽器中的热量，将汽轮机蒸汽进行冷凝以供二回路循环使用。其工艺流程可简化为：大海→取水明渠→循环水泵

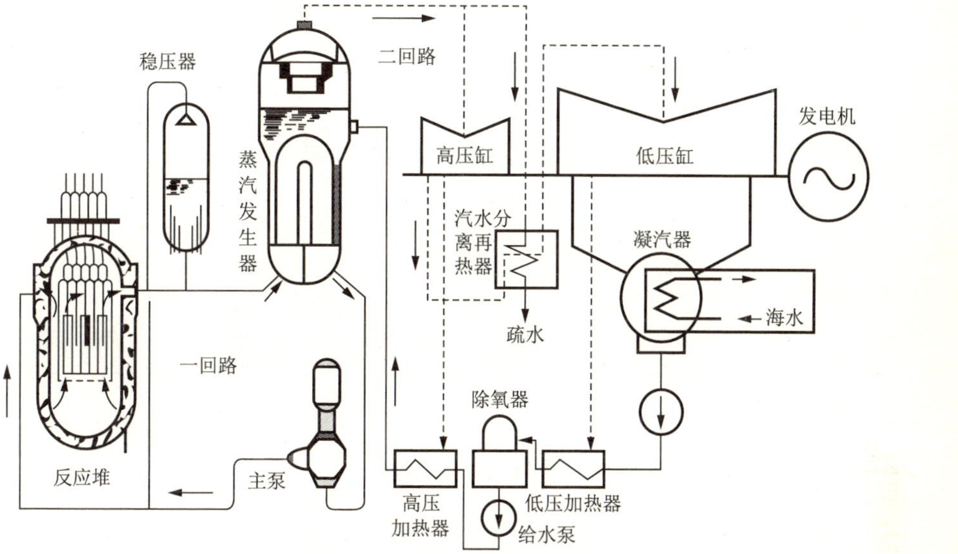

图 4-1　核电站运行原理图

房→循环水压力进水管→凝汽器→循环水压力排水管→虹吸井→循环水排水沟→排水口→大海。除了直接利用海水进行冷却外,海洋还被动地承担着纳污器的角色。由于核物质的放射性,核电在运行和检修期间不可避免地会产生一定数量的放射性和非放射性废液,其中部分废液经处理、检测,达标合格后最终被排入大海。

以上分析说明,核电站在正常运行中,必须使用大量的水资源作为循环用水。水资源不仅用来冷却,也是运输无用物质的载体。在进入冷却系统之前,由于海水含有盐分以及微生物、浮游动植物等,海水会经过去除浮游动植物和淡化的过程。在此过程中,杀生剂——含氯物质的使用以及淡化海水后所排放的海水将具有富含氯元素以及高盐的特征。在海水参与冷却之后,因高热源的作用以及核电的放射性,所排液体又将具有高温和低放射性的特点。

4.1.2　核电废液的定义

在本章的研究中,我们将高温、高盐、低放射性、含氯和化学物质的核电排放水统称为核电废液。以下将针对核电废液的管理进行研究。

核电废液的排放对海洋环境的影响可分为两个阶段:施工期和营运期。因此,相对应的管理也分为施工期管理和运营期管理。总体而言,施工期产生的影响持续时间相对短、波及范围有限、可控性强，管理也属于短时管理。营运期间核电厂排放废液对海洋环境的影响主要有温排水所造成的热影响、循环冷却水的余氯影响和化学物质的化学影响、低放废液中放射性核素的累积影响等。同时，由于海水的高腐蚀性，在利用海水进行冷却循环时，会对海水进行淡化处理，海水经处理后将会排出高盐水，也会对受纳海域产生一定的影响。

4.2 核电废液的来源及危害

4.2.1 温排水的来源及危害

在我国滨海电厂及滨海核电厂中，考虑到节水问题以及靠近大海的便捷性，大多采用直流排水系统，即抽取海洋的自然水体进行冷凝，然后把经电厂高温加热的水——温排水，直接排放到受纳水体中[20]。近几十年来，随着国家工业的迅速发展，能源需求也越发旺盛，核电厂的建设不断增多，与此同时电厂的装机容量也在不断扩大，冷却水的排放量也就越来越大，由于电厂产生的热量巨大，而这其中只有一部分会被二次利用来产生电能，约占1/3[21]，而剩余的大部分热量都将由冷却水带走排入大海。这部分能量将使冷排水的温度大大高于受纳水体的自然水温，因此温排水进入受纳水体后，会使受纳水体温度升高。如果环境水温升高不超出海洋生物生长的适宜温度范围，则会促进海洋生物的生长和繁殖。若温升超过海洋生物生长的适宜温度范围，海洋生物生长将受到抑制或损害。有研究表明，核电厂排出的高温冷却水一般会使受纳水体的自然水温升高 7 ℃～10 ℃。该高温水直接或者间接地对水生态环境产生影响，称为热影响（Thermal Effect）[22,23]。越来越多的观测结果表明，在夏季，电厂的冷却水会以高于环境水温 7 ℃～10 ℃的热水状态直接排入海中，这样的高温冷却水排放到受纳海域后会对环境产生显著的影响，势必导致受纳水体的生态改变，因此核电温排水目前已经成为影响海洋环境和生态稳定的主要因子之一。

中国近海是高生产力聚集区，也同时是生态脆弱区。随着近海养殖的大规模发展，工厂排污急剧增多，建港水域不断扩大，油轮吨位持续增加。这些原因导致近海环境不断恶化。加大近海环境保护力度，已成为举国共识。与此同时，电厂尤其是滨海核电厂的建设不断增加，导致温排水量随之增多。温排水的排放量增加将势必会使当前不断恶化的近海环境雪上加霜，因此滨海核电站温排水的管理与研究势在必行。

目前已知的核电废液的排放对生态环境的直接影响是温升和余氯。对于环境保护部门来说，它要求滨海核电厂的选址，既要重视经济效益，更要重视环境效益。把温排水对环境生态的影响放在首位，特别是要严格受4 ℃等温线的控制（超过 4 ℃就是热污染），即超过自然水体 4 ℃的温排水不能进入海洋环境保护区和农渔业区，否则项目很难获得环保部门的批准，更难得到当地群众的认可和接受。美国佛罗里达州比斯坎湾的一座核电站排放的循环冷却水使周围水域的水温升高了 8 ℃，造成 1. 5 km 海域内的一切生物消失[24,25]，这一直是世界上温排水所致的严重热污染史中使人类永远不能忘却的沉痛案例。

4.2.1.1　对海水物理性质的影响

近 20 年来国内外的许多学者所进行的研究，都趋向于认同废热会导致受纳水体（如密度、黏度、酸碱度等）的理、化特性的改变，而这种改变通常被认为是不利的。热污染使受纳水域温度升高，导致水体密度和黏度下降，溶解氧溶度降低，水生生物的繁殖率降低，水体化学反应速率增加，颗粒物的沉降作用加快，水中悬浮物的沉降速率以及携带泥沙的能力都将发生改变。同时，在某种程度上，水体升温也会对岸边滩涂区域的植被产生影响。具体来说，有以下几点。

（1）海洋水温层结的改变。

核电厂冷却水进入海洋之后，因温度升高造成密度发生改变，将会上升到水体的表面形成温层或者直接冲到排放口的前方，在水体中形成羽流[26]，继而扩散到大气中或者与冷水混合。殷建平[27]通过大亚湾水域温跃层进行调查研究发现，受大亚湾核电厂温排水的影响，海湾西侧尤其是电站前海域的温跃层较其他区域明显和持久，排水口附近区域表底层温差最高达8. 85 ℃（2004 年 8 月 5 日），冬季平均也有 2. 5 ℃。同时，他们的研究还指出核电站温排水对海水温层的影响作用大小和冷却水系统的布局、排放水域的水动力状况有关。

（2）悬浮泥沙输运能力的改变。

温排水造成受纳海域水温升高，继而造成水体黏度降低，黏度降低将会影响水体输运泥沙的能力，继而引起潜在的沉积问题，由此改变海水的浑浊度，甚至影响海底海床的结构；在温排水管口处，水体流速较高，细颗粒泥沙会被温排水的羽流搅动，造成排放口附近的水体浑浊，导致沉积物粗化。

（3）冲刷和淤积作用。

冷却水系统的建设，涉及取水管道和排水管道的建设，该系统的管道建设以及运行将直接影响附近海水水流的流态[28]，而水流流态的改变将间接地对海底地形产生冲刷或淤积作用，而其影响范围和程度将取决于取排水口的建设位置与受纳水体本身的水动力状况。

（4）对海洋水质的影响。

温排水将引起海水的多种理化性质发生改变，对海水水质的影响主要是间接的影响。

① 水体缺氧。温排水从两个方面造成受纳海域溶氧量降低：一方面温排水造成海水温度升高，氧气溶解度降低，继而影响到底层的氧气溶解量，导致贫氧气亏损，对底栖生物产生影响；另一方面，海水水温的升高加速了海域底泥中有机物的生物降解，而分解速率的加快，致使耗氧量增加，从而进一步加剧水体缺氧的程度。

② 温排水会造成海水中有毒物质的毒性增强。有研究表明[29]，当热污染与有毒物质同时存在时，有毒物质对水生生物的毒性会大大增强。当水温增加至 30 ℃时，铜、锌、镉三种离子对浮游生物以及底栖动物的毒性可增加 2～4 倍。

③ 提高有害物质的富集度能力。这一影响对水温和溶解氧的影响最大。同时，温排水还会造成海水水色浑浊、透明度降低，氨、氮等营养盐类含量升高，导致水质的矿化程度加强，从而加速了水体的富营养化程度。

4.2.1.2 对受纳海域生物的影响

海洋作为海洋生态系统和海洋生物赖以生存的唯一环境，海水的温度变化会对水域内的生物乃至生态系统产生重要影响。水温对生物群落的构成与繁衍、种群的增加与减少，对生物个体的寿命、成长与新陈代谢等都有至关重要的影响。在一般的自然条件下，陆地环境和淡水环境的温差变化幅度要比海水温差变化幅度大得多。由此可见，在一般情况下，海洋生物的海水生存环境较陆地和淡水稳定得多，因此海洋生物的耐温性相对弱一些，即其温感更敏感一些，所能承受的温差变化范围要小些，因此核电厂的温排水所造成的热污染对海洋生物的影响更大些[30]。

温排水进入受纳海域中，导致附近海水温度局部升高。作为水生生物赖以生存的海洋环境，水温对水生生物的生长繁殖和分布情况也有一定的影响。我们知道，生物的生命过程必须在一定的温度范围内方能进行，不同的海洋生物拥有自身最适应生存的温度范围。而电厂产生的温排水会从热冲击及冷冲击两个方面引起受纳海域局部海水的温度变化，使海水超出鱼类和其他水生生物的适宜生存温度范围，严重时可致使鱼类和其他水生生物的死亡。核电厂排水管附近水温的温升程度足以杀灭此海域中的某些生物体，马胜伟等[31]在针对象山港某电厂的研究报告中显示，当排水高温冲击幅度达到4.5 ℃时，在24 h内就可造成敏感性鱼类半数死亡；而当高温冲击幅度达到9.0 ℃时，在24 h内就可造成虾类半数死亡；当高温冲击幅度达到7.73 ℃时，48 h内可造成敏感性贝类半数死亡。底栖生物长期栖息在水底底质表面或底质淤泥的浅层中，它们的生活范围相对比较固定，活动不频繁，迁移能力较弱，所以在受到热排放高温水冲击时它们是很难回避的，极容易受到不利影响。

4.2.1.3 卷载作用对生物的损伤影响

卷载效应（Entrainment）是指电厂取、排水过程对于水中能通过滤网系统而进入冷凝器的小型浮游生物、卵、大型生物及鱼类幼体等所造成的伤害[32]。卷载效应包括瞬时高温冲击增温效应（热效应）、机械损伤（机械效应，包括压力变化）及卷载过程当中余氯试剂的杀灭所造成的化学危害。在上述伤害中，机械损伤是最主要的危害因素，余氯试剂对鱼、虾、贝类的致毒作用位居其次。Mauhew等[33]曾指出，美国滨海电厂因冷却水的使用，每年造成数以亿万计的鱼类、贝壳类、浮游生物和其他水生生物被杀死，其中包括它们的卵、幼虫、幼体和成体。卷载的致死率与生物的密度、体长和形态特征等有关。

4.2.1.4 影响生态环境

（1）干扰生物多样性。

前文提及，温排水会导致排水口附近的海洋水体温度升高，致使水色变浊、透明度降低、氨氮含量增高、水质矿化度加强、总磷总氮含量偏高，加速受纳水体的富营养化进程。水体的富营养化会使悬浮物的浓度增大，导致浮游植物的关键生态条件——光照条件和温度发生显著的变化，这就有可能造成浮游植物生物量和种群结构发生根本性的变化。有研究表明[34]，浮游植物在 20 ℃时生长最慢，在 30 ℃～35 ℃时生长最快，但是当水温超过 35 ℃时其生长速率则开始下降，30 ℃以上的高水温可加速浮游植物生长，但会使浮游植物多样性降低，耐污种增加；在上行效应的作用下，浮游动物种群结构也可能在较短的时间尺度内发生变化，从而导致处于营养级上层的鱼类、哺乳类动物及甲壳类动物都会受到直接或间接的影响。郝彦菊等[35]的研究显示，大亚湾网采浮游植物种类数目在大亚湾核电站建成运行之后减少了 16 种。

（2）对生物洄游和产卵场的影响

海洋鱼类和贝类在繁殖时期对水温的要求非常严格，这是因为当水温上升时会阻碍生殖腺中营养物质的积累，从而限制卵的成熟[36]。在受纳海域内，受温排水的影响，生物产卵时间将会发生变化，例如春季产卵种类将会提前产卵，而秋季产卵种类将会推迟产卵。一些鱼种在其胚胎发育时期对水温变化的幅度要求很严，例如江鳕的胚胎必须保持在温差幅度为 0.5 ℃～1 ℃内，如果温度变化超过 1.5 ℃时就会引起胚胎死亡。

同时，成年鱼类因运动能力强，对于不利的热冲击则会有一定的热回避现象，姜礼燔[37]试验结果表明：中华鲟回避值在 25 ℃左右，鲥在 36 ℃左右，银鱼在 30 ℃，青鱼大于 34 ℃。鱼类的热回避现象将导致洄游路线和产卵场的改变。所以，在繁殖时期，水体的热污染将会对鱼类造成灾难性的后果。除此之外，取水口的卷载效应和排水口的羽流都有可能阻断水生生物的洄游路线，进而影响环境和生态系统的平衡。以美国加利福尼亚南部的 San Onefre 核电厂为例，每年卷入的洄游鱼类约 110 t，至少有 41% 在电厂运转中被杀死，其中包括 35 万尾白姑鱼、凤尾鱼和石首鱼的幼体；在电厂的 3 km 范围内，石首鱼和白姑鱼的浅水样品的密度分别降低了 34% 和 63%。

4.2.1.5　对岸边陆生生物的影响

温排水造成受纳海域水体温度上升，继而影响到滨海岸滩区域的生物及其种群。由于温升具有垂直方向上的变化，覆盖在地面上的植被在吸收了经过温升的水体后，必然会对植被的生长造成不利的影响。尤其是滨海红树林，当水温升高时，其生化作用加强，植被的生长、繁殖作用和速率将会被改变，有机残体的分解速度加快，从而改变陆地植被的生长状况[38]。

中国水产科学研究院通过对所选取的 65 种水生生物采用热回避实验、急性热冲击实验、最大起始致死温度和持续热影响等实验，探讨了温排水的潜在生态影响，指出在我国几大水系中，如果最大水温变化超过 ±3 ℃时，会造成水生生物的死亡，严重影响其生存，形成热污染。热排放的潜在生态影响的分析情况可见表 4-1[39]。

表 4-1 热排放的潜在生态影响分析

生态因子		温升幅度	潜在生态影响
理化因子	溶解氧	—	水温与溶解氧含量成负相关，引起水生生物发生缺氧状况
	其他	—	水色变浊，透明度降低，矿化度增强，总磷、总氧含量偏高
生物因子	底栖动物	>6 ℃	对底栖动物造成较大危害
		± 底温℃	自然水温越低，增温对底栖动物的种类和数量的增加越有利
		<2 ℃	自然水温越低，增温对底栖动物的种类和数量的增加越有利
	浮游生物	>2 ℃	蓝、绿藻数量增多和硅藻减少
		<2 ℃	提高浮游生物生物量及多样性
	鱼类	>3 ℃	对鱼类的危害比较明显
		<3 ℃	种群数量随水温的升高而提高

总而言之，滨海核电厂温排水的升温作用可能导致受纳水体的温度超过水生生物生长的适宜温度，这样将可能导致水生生物的生长和繁殖受到影响，甚至死亡，对水生生态系统造成严重的不良影响。研究温排水热污染的管理问题，对滨海核电厂的外部海洋环境保护具有重要的意义。鉴于核电厂循环冷却水排放对水域的影响不仅是多方面的还将是长期的，因此滨海核电厂外部海洋环境的管理中对温排水的管理具有长期观测、持续研究的必要性和现实意义。

4.2.2 低放废液的产生以及危害

核电项目用海与火电及其他工业用海相比，最大的区别就来自于低放废液的排放，低放废液是指放射物浓度 $\leq 4 \times 10^6$ Bq/L 的废液。

核电运行所产生的放射性物质首先来源于反应堆燃料芯块内的链式裂

变反应。正常运行过程中裂变反应产生的裂变产物绝大部分包容在燃料元件的包壳内，但仍有极少量的裂变产物通过燃料包壳缺陷泄漏到一回路冷却剂中。同时裂变产生的中子使一回路冷却剂本身以及腐蚀产物、控制棒、硼酸和其他材料受到激活而产生中子活化产物，这些裂变产物和活化腐蚀产物是反应堆冷却剂中的放射性源，它们会通过冷却剂的净化、蒸汽发生器传热管束的泄漏等过程造成对二回路等的污染。因此，放射性废液根源在于一回路中的冷却剂。我国1988年9月1日实施的《轻水堆核电厂放射性废液处理系统技术规定》(GB 9135—88)中说明了压水堆和沸水堆核电站的放射性废液来源，见表4-2。

表4-2 压水堆和沸水堆核电站的放射性废液来源

堆型	废液组成	废液来源
压水堆	二回路系统废液	来自蒸汽发生器排污、汽轮机厂房排液、二回路系统离子交换器的废再生液和过滤废液。这类废液通常为非放射性废液，只有当一回路的放射性液体漏入时，此类废液才可能成为放射性废液
	杂项废液	来自地漏排液、取样装置废液、辅助系统离子交换器和过滤器废液、余热排放系统、反应堆冷却剂辅助系统、紧急堆芯冷却系统、反应堆安全壳冷却系统、工艺设备冷却系统、燃料装卸系统、废物处理系统和蒸汽发生器排污系统等
	化学废液	来自放化实验室排液、化学清洗去污废液、离子交换树脂再生废液和其他含有高浓度化学试剂的放射性废液
	洗涤废液	来自洗衣服废液、工作人员淋洗废液及其他含有洗涤剂和肥皂的放射性废液
沸水堆	高纯废液	来自于井、反应堆、汽轮机、放射性废物处理、辅助厂房和燃料厂房中的设备排液，超声波树脂清洗器排液，粒状树脂反洗与输送废液，燃料池水过滤器和除盐器的反洗液与洗涤液相分离器的澄洗液
	低存废液	来自于井、反应堆、汽轮机放射性废物处理厂房或燃料厂房的地面排水
	化学废液	来自放化实验室排液、化学清洗去污废液、离子交换树脂再生废液和其他含有高浓度化学试剂的放射性废液

这些放射性废液最终将主要由废液处理系统来收集、贮存和处理。对反应堆冷却剂流出物、地面和设备疏水进行收集并处理，对洗涤废液和化学废液仅做收集。图4-2直观地描绘了我国田湾核电站放射性废液收集系统流程。

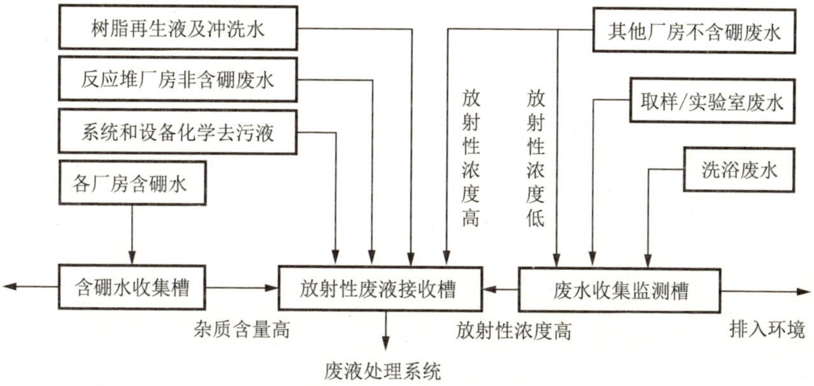

图 4-2　田湾核电站放射性废液收集系统流程

废液中放射性核素的种类、含量、浓度因反应堆的类型、运行条件、净化设备等有所不同，排放入海后又会受到海洋动力条件、在生物体内的迁移和浓集规律以及吸附、沉淀等因素的影响。含有各类放射性核素的低放废液排放入海后受到海洋水文作用被稀释扩散，一部分会悬浮于水体或沉积到底泥当中，一部分会通过各种途径迁移到生物体中并有不同程度的富集，且有可能通过食物链进入人体。至于这些低放废液会对海洋生物以及海洋生态系统产生何种程度的影响，已有的科研成果尚难以全面而精确地回答这一问题。

4.2.3　化学物质的产生及危害

滨海核电机组中压水堆型机组利用海水做冷却水，将汽轮机蒸汽冷凝，以供循环使用。在取水过程中，虽有拦截设施将体积较大的生物和污物阻截，但还是会有小型动植物及微生物进入循环冷却水系统中。这些污损生物附着在管路甚至是冷凝器中，导致管道断面变小、效率降低。为了保护核电厂循环冷却水系统不被海水中的生物堵塞，通常会对冷却水进行氯处理。但是这一行为在防止污损生物黏附的同时，也产生了余氯。此外，氯还会与水中的多种有机、无机化学成分反应，产生各种副产物，对水生生物产生毒害作用，人类饮用和食用了这些水生生物，则会对健康产生危害。

虽然余氯作为冷却水系统的附生剂，其总的排放量较小，且很容易在受纳水体中扩散分解，但是在特定的水文条件和排放状况下可能导致局部海域的余氯超标。根据电解平衡原理，余氯超标将会破坏原有水域氯离子的平衡状态，这将产生一系列的化学反应，比如氯离子将会和水中的一些无机物或有机物发生化学反应而生成有毒化合物，对水质和水生生物产生较大的影响。根据李铁军等[40]的研究，舟山电厂二期工程仅余氯一项引起的渔业资源损失量就达 41. 37 t/a。晁敏等[41]的研究发现，余氯对海洋生物的影响随着海水温度的不同而不同。

4.2.4 高盐水的产生及危害

海水淡化排放浓盐水的盐度约为天然海水的两倍。大洋中海水平均盐度 35‰。但是，某些海域由于蒸发速率高和淡水汇入量小，加上核电站海水淡化的浓盐水排放，导致部分地区的海水盐度远远超出了自然平均值。浓盐水的排放导致海域盐度的增加，而且在半封闭海域海水更新速度慢，使得盐度分布不均[42]。过高的盐度对一些耐盐性差的海洋生物可能是致命的，并且长期的高盐度与盐度分布不均，可能会引起海洋生物的物种组成与分布发生改变。

从海洋水文学角度来看，高盐水具有密度大的特性，其进入海洋后因密度大而容易下沉到较深层海洋，引起上下层海水的混合。高盐水的这种高密性也将阻碍深层水和上层水的湍交换，而温盐改变易产生梯度流，从而影响水动力环境。从海洋生态环境的角度来看，由于海洋中的生物要保持体液与周围渗透压的平衡，而浓盐水的排放则改变了环境盐度，造成渗透压的改变，这极易降低生物的繁殖力，甚至使部分生物死亡。特别是底栖生物，由于没有足够的移栖能力，受浓盐水的影响最大。此外，由于浓盐水本身的温度也要比环境水温略高，因此对生物的产卵、繁殖及生理机能有着重要影响，而且浓盐水的注入使得海洋的浊度变大，植物的光合作用受抑制，而其自身携带的营养盐则会使某种浮游植物的某个种群爆发性增长，从而降低了生态多样性，不利于生态系统的稳定。

4.3 滨海核电废液排放管理

4.3.1 取排水口的空间位置选取管理

我国滨海核电在选址时，取排水条件是必要考虑的要素之一。依据《核电厂厂址查勘》(HAD101/07)[43]中的规定,"就保证安全目的而言,一个充足冷却水源的可用性是必不可少的,诸如最终热阱"。从取水的安全性角度考虑,在最不利的水文条件下,实际可保证的冷却水水量要达到最低的用水要求。因此,确保冷却水实际供水量也是作为安全特征之一纳入考虑的。

此外,无论是采用直流循环还是二次循环的核电厂,取水代价都是核电厂厂址选择必须要考虑的因素之一。取水的经济成本包括了取水工程的投资,也包括正常运行时自身能耗的成本。同时安全用水的保证率也会影响到电厂的安全可靠性。《核电厂厂址查勘附录Ⅲ非安全方面的问题》中指出,"核电厂冷却用水要求具备适宜的水质、足够的补给量,这是核电厂厂址查勘中考虑的另一重要方面。水量的要求主要取决于采用的冷却方式(例如直流冷却、用冷却塔或冷却池的再循环冷却)、核电厂的输出热功率和环境条件"。

《核电厂厂址选择中的放射性物质水力弥散问题》(HAD101/05)[44]中,"讨论从核电厂正常运转和事故中释放的放射性物质进入地表水中的弥散问题。在理想的情况下,可以用归一化的集体剂量反映该厂址液态放射性流出物对集体剂量的贡献,但限于初步可研阶段剂量评价工作的深度,难以给出可利用的资料,因此,难以将其作为评价指标。但粗略地来看,水的途径造成的辐照剂量与受纳水体的水力弥散条件密切相关,即水弥散途径所造成的人员剂量反比于水体弥散条件"。

鉴于上述取水条件首先需考虑当地的水功能区划,以是否可获得取水许可证为依据。对于取水流域与当地水功能区划一致并可以取得取水许可证的候选核电厂址,可以认为其满足了取水的政策条件。此外,充足的水源是核电厂正常运行的前提条件,因此核电厂的取水工程必须保证能够便捷地取到水,而且水量必须满足核电厂正常运行和事故状态时的要求。核电厂的取水工程条件也往往跟经济性相关。因此,取水工程特征参数可以归纳为:岸滩稳定性、水深条件(以 −10 m 等深线距岸线的距离 L 衡量)、水量(Q)、输水干线长度(I)、水体平均含沙量(G)等,具体必选指标见表 4-3。

对于排水口的选取,根据《海水水质标准》(GB 3097—1997)[45]中的规定,核电厂温排水和地方废液受纳水体类别可以满足标准的即为优良厂址。此外,厂址所在地的环保和水利部门往往会制定当地的水环境功能区划和水功能区划。因此,在厂址选择中也必须考虑这一类地方标准。对于海水弥散条件指标的设置详见表 4-4。

表 4-3 取水工程特征参数指标

特征等级	岸滩稳定性	水深条件 L (km)	输水干线长度 I(km)	水体平均含沙量 G (kg/m^3)	冷却水供水量 Q (m^3/s)
优	岸滩稳定，冲淤平衡	$L \leqslant 5$	$I \leqslant 3$	$G \leqslant 0.5$	$Q \geqslant 20$
良	岸滩基本稳定，冲淤变化不大	$5 < L \leqslant 10$	$3 < I \leqslant 15$	$0.5 < G \leqslant 2$	$10 \leqslant Q < 20$
劣	岸滩不稳定，有广泛的滩涂，并持续淤积	$L > 10$	$I > 15$	$G > 2$	$Q < 10$

表 4-4 海水弥散条件指标

特征等级	平均潮差(m)	潮汐情况	海域面积(km^2)	水体规模
优	$\geqslant 3.5$	非常强潮和强潮	$\geqslant 100$	开敞大海域
良	$0.5 \leqslant h < 3.5$	中等潮和弱潮	$50 \leqslant A < 100$	中等海湾
劣	< 0.5	非常弱潮	< 50	小型海湾

滨海核电厂的取、排水口位置和形式是非常重要的，它是关系到工程成败和安全运行的关键，必须慎重对待。在规划设计方案中既要考虑近期核电厂布置的要求，还要考虑远期发展的需要。总结起来，取、排水口位选址一般应考虑以下七个方面。

（1）取、排水口位置离核电厂用水点和排放点要近。取、排水口之间的距离尽量缩短，排水口的水温经稀释扩散后回归至取水口的温升一般不超过 1.0 ℃，这一点对节省工程投资和正常运行费用的降低具有重要作用。

（2）取、排水口位置应该具有良好的地址、地形条件。取水建筑物应该建设在地质条件稳定、承载力较大的地基上，不宜设置在断层、滑坡、风化严重、冲积带和岩溶发育地段。如无法避开地震区域，则应该避开过陡的岸边或者山脚，也应该避免在宽广的海漫滩上建设。

（3）取、排水位置应该保证有足够的水深条件。循环水系统或循环水和安全厂用水合并系统在保证率为 97% 的低潮位时，水深条件不小于 5.0 m。安全厂用水单独取水在低潮位时，水深条件不小于 2.5 m。

（4）取、排水口位置和形式应考虑波浪影响，特别是外海取水时，由于波浪较大，对波浪的破坏力应予以足够的重视。因此，部分滨海核电厂采用联合设置防波堤和码头的方式，部分采用港池取水的方式，但无论哪一种核电厂的取水口朝向都应避开最大波浪的方向。

（5）取、排水口位置应选择在水质较好、水中漂浮物和泥沙较少的地段，也应避开潮流过急产生严重冲刷的地段，切忌在岸边缓流区、死水区及回流区内布置取、排水口。

（6）选择取、排水口位置时，还应考虑施工条件，要求交通运输方便，尽量减少土石方和水下工程量。就目前技术发展情况看，水下施工不但施工困难、费用高，而且往往受施工单位的条件限制。

（7）对北方地区而言，因其有冬季结冰的海洋水文特征，取、排水口位置的选择还应考虑冰凌的影响。由于水文、气象条件具有区域性，不同海域海冰的冻结、厚度、解冻时长等情况差异较大，因此，必须充分了解海域的结冰情况并收集冰凌资料。如流冰期海域会产生大量岸冰、底冰和水内冰，则会经常堵塞取水窗口，有的海域还会产生冰坝和冰塞，以上情况均会威胁取、排水口的安全。所以，取、排水口位置应设在水内冰较少和不受冰块撞击的地点，还应尽量避免设在流冰易于堆积的浅滩、沙洲和回流区附近。

4.3.2　滨海核电废液排放的技术支持管理

4.3.2.1　废液排放中温排水预测技术的方法研究

在核电废液影响预测中，其污染物如高温、高盐、低放射性废液的扩散都是以海洋动力模型（浪、流、潮）为基础，配合污染物扩散模型进行计算的，因此可以认为其数值模拟的原理类似，本书不再对每一类数值模型进行单独分析说明，仅以温扩散为例对数值模拟及物理模型进行论述。

核电厂在投产运行后将会产生大量的余热。作为冷却水的海水携带着巨大的剩余热量进入海洋之后，会使受纳水域水温升高，对海洋环境产生一定的负面影响。我国对核电厂热污染的监管主要集中在规划阶段的环境评价阶段，也就是说，在核电厂开工之前，必须要预测在核电厂运行之后，所排放的冷却水对受纳海域的影响，如是否会产生热污染。热污染是常年向环境水域排放 4 ℃温差以上的水体所产生危害的统称。

一般来说，在工程投产之前，目前能够界定温排水影响范围的主要手段有物理模型研究和数值模拟研究两种，下面将分别对这两种研究手段进行论述和评价。

（1）基于二维与三维的数值模拟预测方法分析与研究。

从国内外相关研究成果来看，对于核电站入海污染物扩散的预测是在给定的边界条件下联立求解流体运动方程、连续方程和物质扩散方程，进而求得水体中流场的分布和污染物质的浓度分布、扩散分布，在所有的关键中是建立和求解数学模型。数学模型就是对物质的物理运动现象进行抽象，建立相应的数学物理方程，也就是常说的控制方程，然后给定边界条件，对其进行求解，即将运动的时间和空间进行离散，然后再将数理方程在某离散时空点上离散为与其相邻点相关的代数关系式，最后选择有效的数值方法，求得该时空点上相关物理量的值，这样随着时间的推进和空间的扫描，就可获得物理量的时空分布。

国外在温排水研究方面起步较早，美国学者于20世纪70年代开始了温排放流场和水质变化的研究，为温排水数值模式的发展奠定了基础：Beer针对Mihcinga湖的温排水排放问题进行了环境影响的研究工作，1975年Louivsliie大学开始采用数值计算预测了温排水的温度分布，1980年出版的《电厂直流冷却水对水生态系统影响的预测》一书中对预测的理论依据、思想方法及数学模型等做了比较系统的论述；Downey（1990）等人对Vermont Yankee核电站对环境影响做了评估；Suh[46]及Sehieiner[47]利用CORMIX 3模型分别对朝鲜Chonsu湾Boryong电厂及Maryland的四个电厂的温排水情况进行模拟；CarlosE. Romero[48]基于人工神经网络原理，开发出在一定的环境条件约束下对电厂温排水进行控制的软件，取得了较好的结果。

国内温排水的研究起步稍晚，但也取得了不俗的成绩。杨纯等[49]利用数学模式对辽西高岭电厂的温排水进行了分析讨论，计算了受纳水域传热和流动情况。吴碧君等[50]在阳宗海电厂已建机组温排水对湖水温升实测调查的基础上，耦合了二维热量输运平衡方程和二维流场控制方程，采用分裂算子法就温排水对湖水温度以及水生生物的影响进行了数值模拟。韩康等[51]使用多层嵌套建立了三亚电厂附近海域的二维水动力模式，模拟研究了温排水的扩散过程，给出了不同温排水方案的温升场特征值。王丽霞等[52]针对黄岛电厂的温排放问题，根据一阶湍封闭理论，建立了三维热扩散预测模式，预测温排水引起海水的温升程度和范围，同时分析了风场对温排放的影响。孙秀敏[53]对大连染料厂自备热电站温排放造成的环境影响进行了二维数值模拟。程杭平[54]使用一、二维联结点上水位或流速相等的内边界条件进行了耦合求解，计算了滨海火电厂、河口火电厂之间热污染的相互影响程度和共同影响范围。张继民等[55]对平面二维温排水数学模式中的参数进行了分析，给出模式中扩散系数及综合散热系数的常用估算方法。曹颖等[56]对半封闭海湾进行温排放三维数值研究，模拟得到了温排水对流扩散过程的三维分布特征。郑晓琴等[57]基于 FVCOM 数学模式，采用《物理海洋学》中的海表面热通量计算方法，建立了考虑斜压效应的田湾核电站附近海域温排水数值模式，对温排水造成的温升进行了模拟。金玉休等[58]建立了二维温排水数学模式，模拟了不同径流量条件下小清河下游感潮河段及河口外海域温排水扩散影响，发现温排水主要沿河口向上游或下游扩散，水深浅于 −3 m 则温排水扩散面积占总面积的 70% 以上；赵懿君等[59]采用 Delft3D 水动力模式对铁山湾内电厂温排水累积热影响进行了数值模拟，发现新建电厂的影响范围较北海电厂单独运行时增加了 21 km^2。

数值模拟具有其独特的优势，相对于物理模型，其不受模型比例的限制，可以用原体求解，只要开发出合适的软件就能在计算机上得到计算结果，而且结果可以在电脑上输出，得到类似于物理模型的直观效果。数值模拟还可以重复进行，随时改变工况和边界条件，而不受试验场地和试验环境的影响，因此具有经济高效的优点。随着计算机软、硬件技术的日益发展，数值计算方法得到了不断的改进和完善，数值模拟技术日趋成熟，被越来越广泛地应用于科学研究和工程的设计规划中。

就数值模型而言，不同的数值方法所得到的结果相差不大，但不同维度的数学模型在入海污染源环境影响预测结果方面存在一定的差异。本书拟从流速和垂直混合两方面进行二维和三维数模的对比。

① 流速方面的对比。二维数值模式采用的是 x 向和 Y 向的流速深度平均，而三维采用的是瞬时各层的 x 向和 Y 向速度。根据艾克曼理论，流速从表层到底层存在减小的趋势，因此，如果计算表层的温排水，则二维中使用的流速偏小，从而使得温排水的预测范围较三维偏小。对于其他有害物质的扩散，二维数值计算也存在着偏小的问题。

② 垂直混合方面的对比。二维模型因采用上下平均的处理方式，忽略了湍黏滞系数对流速的影响，同时湍流的存在加速了上层海水的混合从而改

变热量的再分布，因此在实际海洋中，物质的扩散是个十分复杂的过程，使用二维数值模式进行模拟则忽略了各层流速分布不均的特性，同时忽略了湍流对流速及海洋混合过程的影响，而且只能反映海洋的正压性，与海洋实际情况不符，而三维数值模式则更接近实际海洋的水动力过程。

（2）物理模型预测方法的分析与研究。

物理模型试验定义为仿照原体实物（如水工建筑物、河道及水库等），按照相似的准则确定各因素比例（比尺），缩制成模型，模拟水流运行，进行试验研究（含水流、泥沙等），以此来研究水利工程建设运用中出现的水流现象。该类型模型为相似模型，所有的模型参数都与原型的相应参数存在着一定的比例关系，这些参数是由一个或几个模型比尺所决定的。模型的基本任务是利用模型，模拟与原型相似的自然情况，进行观测，获取数据，然后按照一定的相似准则引申于原体，从而了解原体的实际现象和性质，分析检查其水利工程的安全性。因此清华大学水利系泥沙研究室通过实验指出，通过物理模型试验不仅可以论证水利工程的安全性，还可以预见原型中可能发生的问题，为设计、科学管理及决策等提供依据。对温排水而言，物理模型就是仿照电厂温排水的扩散，为电厂的取、排水口设计等提供参考。

华祖林等[60]对邻近长江口的两座大型电厂的温排水进行了物理模型实验，并根据模拟结果计算并预测了温排水的影响范围；江洧等[61]建立了新会电厂附近水域全潮整体变态物理模式，通过该模式，详细说明了潮汐河道冷却水实验观测的研究方法，也给出了取排水口的布置形式；曾平等[62]在远区采用水动力模式，近区使用物理模式对大亚湾核电站建成后电站附近的温升分布进行了系统研究，得出较好的结果；杨海燕等[63]建立了宁德电厂物理模式，对电厂一、二期取排水工程冷却水排放进行实验，得出了表层温度分布场以及取水口的温升分布。

物理模型试验是研究水流运动的重要手段，能为规划设计及方案的决策提供科学和直接的依据。物理模型具有很强的直观性和真实性，可以清晰地探明水流的内在机理，确定水力参数和解决一些局部而又比较复杂的水流、泥沙运动等问题。但是物理模型也存在着一些缺点，其主要缺点是需要占用较大的试验场地，需要耗费较多的人力、物力和财力，且试验周期较长。

在实际应用中，数值模拟虽然以其经济快捷的优点发展较快，但是对于复杂的水流问题，运用数值模型则难以解决，在没有运行良好的类似工程作为参考时，需要选用物理模型的研究结果对数值模拟的计算结果进行补充以及修正。

4.3.2.2 预测技术方法的应用与管理研究

由于温升、余氯增量预测和各种预测手段的不确定性，需要对几种评价方法的预测结果进行综合分析。核电厂温排水造成的高温升区局限在排水口附近，在该区域内热量的分布主要受三维水流的掺混影响，热水浮力效应较为明显，通常该区域面积较小且远离模型边界，水面散热以及边界出流造成的热量损失对试验结果的影响相对较小，对排水口近区温排水的影响范围(一般情况下，温升高于 2.0 ℃的区域)通常采用物模试验的结果，而排水口远区的影响往往采用数模计算结果。

在滨海核电厂的规划方案中，一般取、排水口应设置多套可选方案(包括取、排水口位置，深度，直径，造型等)，在进行方案的对比中，应该对每套方案进行数值模拟和物理模型计算，综合环境因素、经济因素、社会因素和技术因素等问题，全盘考虑，给出最佳取排水口方案。

在数值模式中，参数的选取对计算结果影响重大，在实际计算中，参数多采用规范规定或者依据实际情况进行对比选取。影响较大主要是模式的选取，在现今的计算中，二维计算和三维计算都存在，根据前文论述结果，在滨海核电的废液扩散及影响的预测中，应该首选三维数值模式。

数值模型的准确性需要资料的验证，因此在核电厂周边海域需要进行实地调查，这就要求在厂址附近设立海洋水文专用观测站，进行至少一年的现场观测。观测项目包括潮位、波浪、含沙量、水温、盐度等。对调查频率而言，要求开展夏季、冬季全潮同步水文测验来观测工程海域的流场，同步水文观测通常要求在工程海域布设至少 10 个以上的测流点和 5 个以上的潮位测点，观测项目包括大潮、中潮、小潮的 25 h 潮位、流速、流向、水温、盐度、含沙量等项目的连续观测；此外，还需要在厂址附近设立几个临时潮位观测站进行潮位同步观测，潮位观测的持续时间通常为 15 ～ 30 d。上述现场观测资料将作为废液物理影响模拟中流场的验证资料和典型潮分析的基础资料。

4.4 滨海核电废液排放的监测管理

在滨海核电厂的外部海洋环境管理中，对废液排放和扩散的持续观测是必不可少且十分重要的管理内容之一，本节将对废液排放监测进行梳理和分析。

在监测手段中，一般分为大面多点水体实测方法和遥感方法（包括航空遥感）。

4.4.1 大面多点水体实测方法的应用与管理研究

用大面多点水体实测的方法来研究排废液体对海洋水文环境的影响是最直接和最准确的，实地观测能够客观、直接地真实反映该海区的实际废液分布情况。国外从20世纪60年代末就开始着手对受温排水影响的海区的水文、水质环境进行调查研究。Palhegy等[64]通过实际调查资料，分析了Peach Bottom核电厂温排水对周边水域水温的影响；Arieli等[65]在Hadera电站周边海域，沿着水温降低的方向布设观测点，获得电厂周边海域的温度分布情况，进而探讨受纳海域温升对浮游植物的影响；Dames、Moore、Binkerd、Reutter、Downey、Hamrick等人都对排废放海区的水文及水质环境做了相关的调查研究[66]。

放眼国内，也有不少利用观测手段进行废液的调查研究。蒋春风[67]利用温度观测资料，综合分析了感潮河段电厂温排水的运动规律，并建立了估算射流中心线温升的函数关系和估算等温升线所包围的表面积的经验公式。王冠琳等[68]采用定点连续、多点同步的水温分层现场观测方式，对田湾核电站温排水的分布及变化规律进行了研究。大亚湾核电站进行了多次低放废液影响的调查和研究。另外，盛连喜[69]、潘明祥[70]、林昭进等[71]根据现场实测资料，分析了废液影响区域的溶解氧变化、生态资源损失等。

现场观测具有测量精度高、真实反映现实情况等优点，从而能够精确反映核电站排废液体对周边海域的实际影响。但是，现场测量需要耗费大量的人力、物力和财力，且采集范围具有局限性，只能采集离散的点数据，在获得面数据方面具有一定缺陷。同时，定点观测在获取长时间序列数据方面也存在不足。

4.4.2 遥感方法的应用与管理研究

实测数据受采集时间、空间方面等的限制，因此无法获得废液的面分布。而随着遥感技术的发展，利用遥感获取废液的扩散面积成为可能，在废液组成要素中，水温是最易被观测的。

热红外遥感为获得地球表面温度信息提供了有利条件，很好地解决了实测数据受时间和空间的局限性，为滨海核电厂温排水的监测提供了一种新思路和方法。同时利用遥感技术对海水温度进行监测，具有操作便捷、花费较少等显著优点。

肖继春等[72]利用航空热红外扫描图像编制了新疆红雁池电厂冷却池表面温度图，根据热成图，计算了电厂冷却池面积和温排水的扩散面积，开辟了利用热红外遥感监测电厂热污染的先例，对后来的相关研究具有重要的参考价值；Tang 等[73]为调查研究大亚湾核电站温排水对海洋表面温度的影响，经与船舶走航数据相比较后，利用空间分辨率为 9 km 的 AVHRR 温度数据，研究发现大亚湾核电站温排水可以使周边海域升温 1 K～3 K，冬季的升温区域明显小于夏季；王迪峰等[74]利用海监飞机上装载的热红外遥感传感器对滨海电厂的温排水进行监测，根据研究结果得出航空热红外遥感监测滨海电厂温排水具有低成本、高实效的优点，且能同时发现多个污染源并能辨别污染物的来源和去向；贺佳惠等[75]利用航空热红外遥感获取了高精度的海面温度数据，该数据提供了不同季节和潮汐状况下滨海核电厂周边海域的海水温度分布，使用 Landsat 卫星热红外波段反演得到滨海地区的温度数据，并利用该数据揭示了滨海核电站对附近海域的温升强度，同时也研究了温升的空间分布规律。

虽然航空红外遥感拥有较高的空间分辨率和温度分辨率，而且还可以根据需要随时调整数据采集的时间，具有方便、快捷的优势。但是，航空遥感也存在一定的缺点：航空遥感所需的航空平台其本身需要具备较高的技术要求，而且有经济方面的限制，容易受到天气条件的影响，数据采集较难连贯，从而影响形成时间序列的数据链。因此，在航空遥感之外，我们也可以采用适用条件更加宽松的卫星热红外遥感手段来监测核电站的温排水。热红外卫星遥感不仅可以降低监测成本，提高监测效率，而且能够反映温排水的空间扩散和时空变化等情况，具有很强的实用性。

因此，在滨海核电排废液体监测管理中，应该明确要求核电厂家采用多个手段对废液排放进行监测，掌控废液的扩散范围和影响程度，对前期预测结果进行检验，及时对存在的问题进行整改，以期核电的安全稳定运行。

由此可知，核电的监测主要包含三个层面的含义。

（1）是对废液的扩散情况进行监测，及时掌控其扩散状态，获取更多实测资料，为数值模型以及物理模型的计算提供必要参数。

（2）是通过监测，检验前期废液排放预测结果的准确性，根据检验结果对厂址设计方案以及厂址规划技术方案进行调整，为下一座电厂的建设设计提供经验。

（3）是根据监测结果，适时调整取排水管理策略，达到环境效益、社会效益以及经济效益共赢的局面。

4.4.3 监测管理实例分析

本课题组客座教授陈长胜先生，曾经给我们展示在美国期间他所做的马萨诸塞州希望湾温排水的结果。马萨诸塞州政府在委托他做电厂温排水计算时，要求结果必须得到后续验证。图 4-3 中的右图，是使用 FVCOM 三维数值计算模式，算出落潮时的增温分布；左图则是相应潮时航空观测结果。

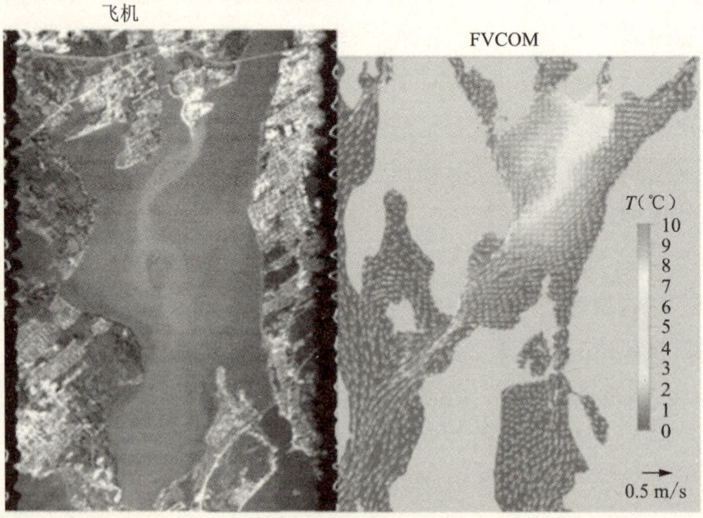

图 4-3 FVCOM 数值计算结果与飞机观测结果对比

虽然航测与三维数值计算结果有很好的拟合性，但是马萨诸塞州政府为了确保反映温排水对受纳海域的真实影响且持续验证三维计算结果的拟合性，仍然要求继续用船只与航测观测温排水的实际扩散情况。在图 4-4 中是 20 条船只锚定位置(右图“●”所示)观测不同层次水温的结果图，左图则是航测温度结果图。图 4-4 中给出了 2 个不同时间的对比结果。

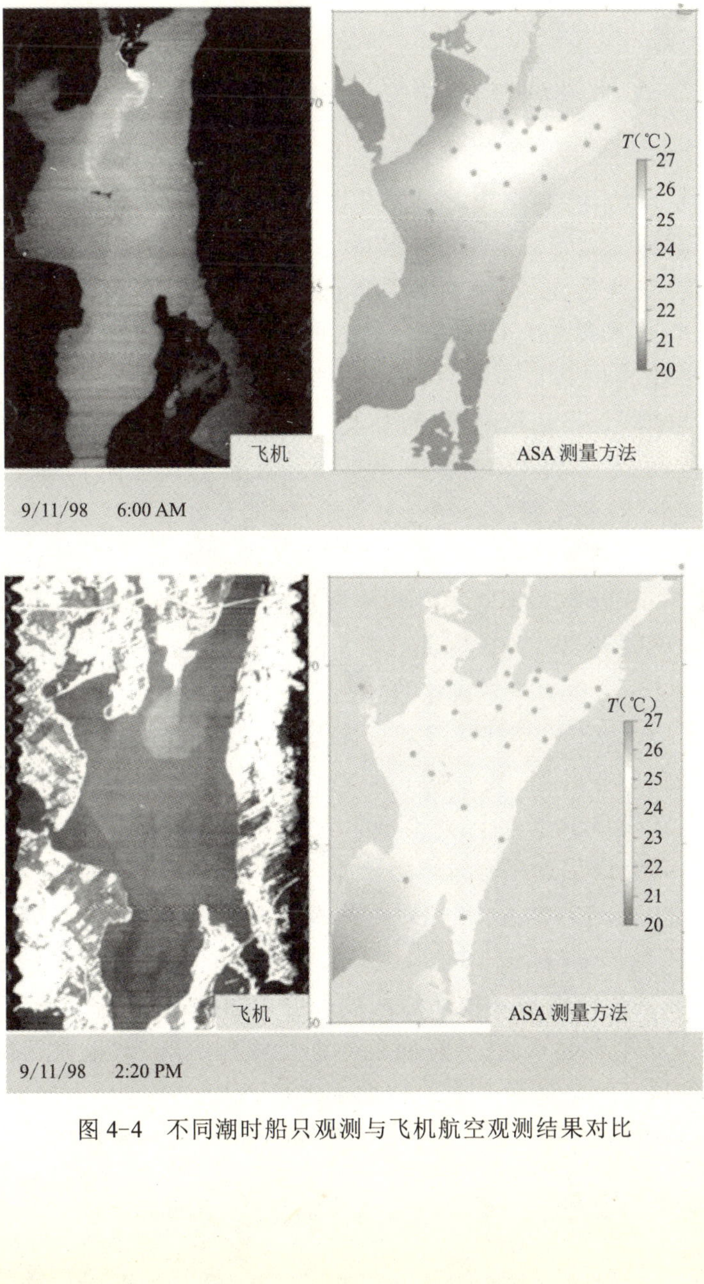

图 4-4　不同潮时船只观测与飞机航空观测结果对比

从该实例可以看出监测管理在核电废液排放中的重要作用，即使技术管理手段可以取得较好的结果，也不能取代监测在核电废液排放管理中的重要作用。

4.5 滨海核电近岸海域环境功能区管理

4.5.1 近岸海域环境功能区概述

我国为适应近岸海域环境保护工作的需要，依据近岸海域的自然属性和社会属性以及海洋自然资源开发利用的现状，结合本行政区国民经济、社会发展的规划，在一定规范程序下按照不同的使用功能和保护目标对近岸海域进行划定，这就是近岸海域环境功能区。其中，近岸海域是指沿海省、自治区、直辖市行政区域内的大陆海岸、岛屿向水一侧。

这里要指出的是近岸海域环境功能区与海洋功能区是两个不同的概念。海洋功能区是指根据海域、海岛及相邻陆域的自然资源条件、环境状况和地理区位，并考虑到海洋开发利用现状和社会发展的需要，而划定的具有特定主导功能，有利于资源合理开发利用，能够发挥最佳效益的区域[76]。我国近岸海域环境功能区划的本质是以海水水质类别为表征的海域环境保护分区，简单来讲，就是对不同类型的环境功能区设置相应水质保护目标规范和约束海洋开发利用行为。因此，这两者无论在设立目的、区划方法以及功能区的行政管理上都有着本质性的区别。

我国于 20 世纪 80 年代末开展近海海域环境功能区工作，成立了近岸海域环境功能区划工作组，负责研究区划的原则、方法和技术规范，并对试点工作指导。在试点的基础上，环保部陆续发布一系列通知，到 1993 年底，各沿海地区基本完成了近岸海域环境功能区划的方法制定，随着《海水水质标准》(GB 3097—82)的修改，各地对近岸海域环境功能区划也进行了相应的调整。

当下，我国近岸海域环境功能区被划分为四类：一类近岸海域环境功能区主要包括海洋渔业水域、珍稀濒危海洋生物保护区、海上自然保护区等；二类近岸海域环境功能区主要包括海水浴场、水产养殖区、人体直接接触海水的海上运动或娱乐区、与人类食用直接有关的工业用水区等；三类近岸海域环境功能区主要包括海滨风景旅游区、一般工业用水区等；四类近岸海域环境功能区主要包括海洋港口水域、海洋开发作业区等。除了四类近岸海域功能区之外，还设有混合区。混合区是指入海河流河口、陆源直排口和污水排海工程排放口附近的近岸海域。混合区不属于任何类型的环境功能区，其水质标准允许超过国家《海水水质标准》(GB 3097—1997)。混合区范围的确定并非随意划定，而是根据区域的水动力条件，邻近近岸海域环境功能区的水质要求，接纳污染物的种类、数量等因素进行科学论证，综合评价之后给出的区域。

各类近岸海域环境功能区分别执行国家《海水水质标准》(GB 3097—1997)中规定的相应类别的海水水质标准。我国目前对近岸海域环境功能区的管理主要是地方环境保护行政主管部门依据《海洋环境保护法》《近岸海域环境功能区管理办法》以及《海水水质标准》(GB 3097—1997)等对其所辖近岸海域环境功能区的海水水质实施监督管理。

4.5.2　核电废液排放与近岸海洋环境区划的关系

对滨海核电而言，根据《海水水质标准》(GB 3097—1997)，滨海核电厂温排水和低放废液的受纳水体类别可以满足该标准的即为优良厂址。但是，在实际选址中或者核电厂的运行中，需要考虑的不仅仅是海水水质的问题，还包括海洋功能区划以及近岸海洋环境功能区划。

由于近岸海域环境功能区划研究早于滨海核电站的兴建，因此核电站近岸海域环境功能区的水体使用功能定位缺乏前瞻性，随着核电事业的发展，国家在近岸海域环境功能区的划分上进行了一定的调整，但是从目前管理来看，我国近岸海域环境功能区缺乏阶段性的评估管理工作，因此其调整的依据缺乏科学性。在涉海工作不断取得发展的同时，海洋环境跟着发生了变化，水体使用功能定位也随着海洋环境和社会经济的发展做出相关的调整。在近岸海域环境功能区调整中，我国并未明确地规范环境功能区划分的技术要求，即环境功能区调整方案的可行性界定并没有相关标准。

对滨海核电而言，其废液包括高温水、低放射性水以及含氯水，这就会对近岸海域环境功能区的环境产生影响，从而因近岸海洋功能区相关标准的不能满足而导致核电站不能正常建设或运行，这就需要根据具体情况，对近岸海域环境功能区进行适当的调整，同时也对建厂方案进行适当的调整，达到经济效益和环境效益以及生态可持续发展的三赢局面。

4.5.3 核电站近岸海域环境功能区划调整方案分析

近年来，随着核电项目的增多，我国进行了多项近岸海域环境功能区调整的课题研究[77]。学者们对近岸海域环境功能区调整遵循的原则、操作流程等进行了详细规定，总结起来，我国滨海核电近岸海域环境功能区调整方案应该对功能区类别、区域范围和水质保护目标进行新的界定。

（1）功能区类别的界定。我国现行法律明确规定了我国海域的使用必须符合海洋功能区划。因此，海洋功能区划成为判断海域使用功能的首要依据。核电站选址在滨海地区的原因之一在于海水水量丰富、不受季节影响，更适合做冷却水使用。对于取用海水作为冷却水的海域，海洋功能区划中将其界定为海水资源利用区中的一般工业用水区。依据《近岸海域环境功能区划分技术规范》中环境功能区的分类标准，一般工业用水区的环境功能区类别界定为第三类环境功能区。除了核电取水外，核电站设备运输码头等海洋港口水域和海洋开发作业区，被界定为第四类近岸海域环境功能区。依据《海水水质标准》和《近岸海域环境功能区管理办法》的相关规定，核电站排水口附近的高温、高污区域为混合区。

（2）环境功能区范围界定。近岸海域环境功能区中，每类环境功能区的范围由其海水水质的范围决定。受核电排废直接影响的是温度、余氯和人工放射性核素三项。因此，界定核电站临近海域各类环境功能区的范围，首先要确定三者的变化范围。对于投产运行的核电站而言，可以通过实地调查获取，对于建设中的核电站，需要借助数学模型和物理模型来预测核电运行后其邻近海域的温升、余氯和放射性核素的分布。除此之外，还需要考虑海水水质中常规项的范围和海洋功能区的范围。对于海水水质常规项，因其不受核电排污直接影响，因此其浓度分布相对稳定，直接参考基础资料调查阶段和适用性评估阶段取得的数据。将 4 ℃最大温升包络线、余氯的 0.01 mg/L 的全潮最大等值线、人工放射性核素的安全浓度包络线、常规项中超标因子的四类水质标准值的分布曲线相叠加，叠加后最外围的曲线即为混合区与第三类或第四类环境功能区的分界线；核电站所在区域内的港口和重件设备海运码头的近岸海域为四类环境功能区，范围依据港口和码头的用海面积来确定，同时兼顾与其他环境功能区的衔接。如果该区域在混合区范围内，则同化为四类环境功能区；1 ℃最大温升包络线和常规项中超标因子的二类水质标准值的分布曲线的外围包络线是三类环境功能区与二类环境功能区的分界线。此外，考虑到海洋功能区划制度是得到法律层面承认的，由《海洋环境保护法》和《海域使用管理法》所确定的一项法律制度，它适用于包括环保部门在内的所有涉海行业和部门。海洋功能区划的法律性和权威性要求环境功能区划在确定区域使用功能时必须遵从海洋功能区划，每类环境功能区范围不得超出其对应的海洋功能区的范围。因此，核电站邻近海域的第三类环境功能区范围不得超出海洋功能区划中一般工业用水区的范围。

进行近海环境功能区调整之后，通过对不同环境功能区设置相应的水质保护目标，来约束和限制海洋开发利用活动的强度，进而达到保护和改善生态环境的目的。在《近岸海域环境功能区划分技术规范》中指出，每类环境功能区的水质保护目标要等于或严于环境功能区类别所要求的水质标准。因此，调整后的第二类近岸海域环境功能区的水质保护目标为不低于二类的海水水质标准；调整后的第三类近岸海域环境功能区的水质保护目标为不低于三类的海水水质标准；调整后的第四类近岸海域环境功能区的水质保护目标为不低于四类的海水水质标准。

4.5.4　核电站近岸海域功能区监测管理研究

4.5.4.1　核电站近岸海域功能区监测管理的必要性分析

我国近岸海域环境功能区的管理中一直比较缺乏专题性的监测，尤其是对滨海核电站周边海域的环境功能区更是缺乏专题性的观测。随着核电事业的快速发展以及海洋专家学者的呼吁，虽然现状有所转变，但是依旧还有很多的工作需要进一步监管与完善。海洋环境监测管理，是全面评价海域环境质量或及时掌握海域污染现状及趋势的必要手段。通过监测获取的信息，是进行管理决策的重要依据，监测信息不仅能在管理者做出决策前提供信息的辅助作用，更是能在决策时通过信息反馈了解决策实施的效果，进而及时动态地调整管理目标，以期达到预期良好的效果。而对于海洋管理部门和环保部门来说，管理制度的贯彻执行和管理职能的实现也要依靠海洋环境监测手段，尤其是对近岸海域环境功能区的管理更是如此。近岸海域环境功能区的划分目的就是想通过对近岸海域进行分区管理，从而达到保护和改善近岸海域环境的目的。在这项工作中，区划是基础，管理是手段，监测则是保证，离开了环境监测，管理和保护便是空谈。

对近岸海域功能区而言，其在各类功能设立时就已经明确了各自的水质保护目标，即从水质标准的角度限制了人类对海洋的开发利用。在实际海洋开发利用中是否遵守这一规则，以及实际开发利用是否超出相应的水质保护目标，必须依靠监测才能获悉。核电项目因其特殊性，排放废液具有低放射性的特点，因此电离辐射的海洋生态效应就必须依靠监测数据进行分析研究，尤其是长时间序列的监测数据，核电排放的高温、高盐、含氯废液对周边海域的生态环境影响亦通过长期的检测，才能真实分析出实际影响。

在实际管理应用中，环境监测不仅可以掌握当下海域环境现状，判断功能区水质保护目标的达标情况，更是对核电运行的环境影响状况的研究具有重要意义。环境监测的管理与实施应该由环境主管部门或海洋主管部门实施，其进行的监测相对业主的自身的水文观测而言，对公众更具有可信度和公信力，尤其是针对滨海核电站周围的环境监测数据，有利于打消公众的核恐慌心态，重塑福岛核电站后人们对海洋产品的信心。

4.5.4.2 核电站近岸海域环境监测的内容

对滨海核电站而言，监测的目的无外乎两种：一是摸清当下海洋环境现状，根据实测数据做出环境功能区适用性评估及调整工作；二是研究核电对周围海域环境的影响状况，这需要积累长时间序列的数据。根据近岸海域功能区划的划分标准以及环境监测的目的可以确定监测的主要内容，主要包含以下三点。

（1）水质的监测。

这是由我国近岸海域环境功能区执行的标准《海水水质标准》（GB 3097—1997））所决定的，监测的内容包括该标准内规定的所有项目。但是需要注意的是，虽然《海水水质标准》（GB 3097—1997）中没有规定必须监测余氯，但是作为滨海核电的主要污染源之一，它会与水中的多种有机、无机化学成分反应，产生各种副产物，从而对水生生物产生毒害作用。因此，余氯也应成为核电站近岸海域环境功能区监测的重点内容之一。前文提及，本书的废液定义中包含高盐水，高盐水会引起海洋底栖生物群落的破坏以及阻碍海洋藻类光合作用的形成等，造成海洋生态环境破坏，因此盐度也应是环境监测的主要内容之一。

（2）沉积物的监测。

核电站入海废液进入水体后会通过吸附、沉降等作用蓄积到沉积物中，与此同时，沉积物中蓄积的部分污染物又分解扩散到水体中，导致海水二次污染和污染物的迁移。值得注意的是，沉积物并不像海水一样具备自净能力，因此会造成污染物在沉积物中的不断累积。由于沉积物是底栖生物的主要生活场所和食物来源，其中的污染物可直接或间接地对海洋底栖动植物产生毒害作用，并通过生物富集、累积、食物链放大等过程进一步影响陆地生物和人类。因此，在滨海核电站近岸海域环境功能区的监测中必须有沉积物的监测项。

（3）生态的监测。

虽然水质监测和沉积物监测涉及的要素较多，但也仅是滨海核电站近岸海域环境功能区监测内容的一部分。对于滨海核电站近岸海域环境功能区而言，核电营运期间的环境影响以及造成的海洋生态的变化是更受瞩目的方面，这将影响到我国核电事业发展的决策制定和未来发展规划、规模，因此在滨海核电外部海洋环境管理中，对当地的生态监测必不可少。虽然同水质监测和沉积物监测相比，生态环境监测由于生态类型的复杂多样而无法规定某种统一的项目与指标，这需要根据核电站周围海域的实际生态状况因地制宜地设置。但是在生态环境中，某些通用的监测项目还是可以明确的，例如海洋叶绿素含量及初级生产力、浮游生物的丰度和多样性、底栖生物的丰度和多样性等。这些监测项目是掌握海洋生态环境状况以及研究核电对海洋生态环境影响所需的基本数据资料，是生态系统健康评估和生态安全评估的基础。

4.5.4.3　核电站近岸海域环境功能区监测的体系设计

海洋环境监测是近岸海域环境功能区管理的基础。长期连续的和统一规范的监测数据是评估、调整与监管各类环境功能区的重要依据。参考《近岸海域环境监测规范》（HJ 442—2008）、《辐射环境监测技术规范》（HJ/T 61—2001）、《环境核辐射监测规定》（GB 12379—90）以及我国在核电环境监测中的实践经验，核电近岸海域环境功能区监测体系应该从监测站、监测参数和监测频率三个方面进行构建。本书将在第五章后评估监测管理中做详细叙述。

4.6 海洋生态文明建设条件下的废液排放策略研究

4.6.1 滨海核电废液排放管理的分析

4.6.1.1 滨海核电温排水现行管理标准不完善

滨海核电厂的温排水会对当地海洋环境产生影响，为将其不利影响降至最低，政府相关部门通常会在开工前要求对深海排放、射流排放、冷却前池、二次循环冷却塔等工程措施进行论证和研究。例如德国的 Isar Nuclear Power Plant 核电站采用建设冷却塔的形式，降低温排水温度，继而减小热污染效应。但是现有的工程实例表明上述工程措施的实施仍存在一定水深的要求、影响渔船航线、管道防腐和内壁清洗、盐分沉积和飘滴沉降等冷却塔物理影响的问题，并且其实质上并没有减少热能量的释放，因此仍可能对深海、大气等环境产生额外的影响。这就要求温排水的管理注重源头的控制。

在国际上，主要的海洋国家都对温排水的排放制定了一系列的管理规定。在对温排水的控制上，英国和加拿大采取征收排污费的政策，征收数额根据温排水的排放量、初始温升、余氯含量以及 pH 值而定。日本作为滨海核电建设的大国，对温排水并不采取收费的政策，而是通过制定和发布国家行政性指导文件，提交包含相关内容的环境评价报告来限制温排水的排放。除此之外，日本核电站的建造方需要与地方政府签订减少温排水对海洋环境影响的协议，而且电厂业主会根据其温排水的扩散范围以及影响程度给予地方一定的生态补偿费。为此，在考虑经济利益最大化的前提下，业主会尽力采取必要的措施以减少温排水的影响范围和强度。同时，各国也制定了较为明确的温升范围，例如美国在马萨诸塞州电厂的有关温排水标准中就指出：最大温升不得超过 5 ℃，夏季海水最高温度不得超过 28. 33 ℃。欧洲一些国家对水温规定的限值见表 4-5。

表 4-5 欧洲部分国家水温排放规定限值

国家	最高温升(℃)	最高温度(℃)	排水口最高温度(℃)
比利时	—	30～35	—
荷兰	3	—	30

续表

国家	最高温升(℃)	最高温度(℃)	排水口最高温度(℃)
法国	3	—	—
意大利	3(海洋)	30(河流)	35(海洋)

在我国现行的法规标准中，有一些法规已经对水体中设置排污口和排放污水做出了明确规定，例如《水污染防治法》等。但在具体实施中，部分海洋管理者以及学者仍对温排水是否属于污水存在异议。例如，有学者认为温排水为污水，该认识主要是基于《中华人民共和国水污染防治法》第 35 条"向水体排放含热废液，应当采取措施，保证水体的水温符合水环境质量标准，防止热污染危害"和《污水综合排放标准》中的"污水"定义，"在生产与生活活动中排放的水的总称"。当然也有部分学者认为温排水并非污水，其依据是《污水综合排放标准》中"排水量"的定义，"在生产过程中直接利用于工艺生产的水的排放量，不包括间接冷却水、厂区锅炉、电厂排水"。除此之外，国内的排污水收费、排污许可等均未将温排水的贡献考虑进去，这也就从根本上造成了温排水的管理不足。

因此，就目前而言，针对像其他污染物排放标准一样的温排水排放标准一直处于缺失状态，致使温排水的排放管理未能上升到法律法规的层面上。现行的环境质量标准中，在评价上具有一定可操作性的仅有《海水水质标准》(GB 3097—1997)中对水温部分的排放要求，而《地表水环境质量标准》(GB 3838—2002)中"人为造成的环境水温变化应限制在：周平均最大温升≤ 1 ℃，周平均最大温降≤ 2 ℃"的要求，因其没有对评价基准和超标范围进行细致的规定，因此在实际应用中可操作性不强[78]。

同时我们还应注意到一个尚未解决的矛盾问题：在《海水水质标准》中明确规定了第二类海水水温"人为造成的海水温升不超过当时当地 4 ℃"，但在目前滨海核电厂的实际运营中，鉴于现有的技术手段和经济成本的限制，在实际的循环水排放系统中，滨海核电厂的实际温排水还未能达到该标准，即该标准与现实社会和现实工业水平之间尚存矛盾。滨海核电厂直流循环排水温升较高，为满足其排放需要，在核电厂排水区域需要设置温升超标混合区，但《海水水质标准》(GB 3097—1997)和《近岸海域环境功能区管理办法》中并没有提出明确的缓和区设置要求，使核电厂温排水的影响评价和监管常常处于无法可依的尴尬境地，对核电工程温排水的环境影响，目前不得不采取“一事一议”的办法确定其可接受性[79]。

4.6.1.2 滨海核电厂废液排放整体规划的欠缺

我国滨海核电事业随着国民经济的增长也在迅速发展，无论是建设规模还是建设数量都有很大的增幅。目前，我国滨海核电主要分布在山东、福建和广东沿海等地，就目前单独以滨海核电的发展和规划来看，与我国海岸线相比，其分布密度较小，但是若和滨海火力电厂一起计算的话，某些沿海地区滨海电厂的数量将出现扎堆的尴尬局面。例如秦山核电和其周围的火电群落就是属于密集型分布，这种局面的发展无疑会对温排水的研究与控制提出新的挑战，因为该海域的温升并非单纯是核电厂的温排水造成的，多电厂同时进行温排水的排放也打破了水域热容量相对富裕的局面，严重时甚至在某些海域出现了温水带。要想解决上述综合温排水问题，必然要打破以往电厂取排水研究的局限性，即仅在建厂之前研究和评价待建电厂的取水能力及热环境影响，或至多附加上该电厂直接邻近的一两个电厂的温排水排放情况，并且根据由此得出的研究结果提出针对该核电厂需求的优化对策是不可靠的，并未考虑到可能造成与周围电厂相互不利的影响。

因此，滨海核电厂的规划与设计，应着眼大局，放眼大海域，树立统筹规划的理念，进行综合考虑，全面科学地评估该水域整体的承载能力。合理布局同一海域内所有电厂的取、排水口的位置及温排水的排放水温与数量，已经成为我国滨海核电厂温排水管理中面临的新问题与新挑战。

4.6.1.3 低放废水、高盐水以及余氯标准在四类水质中并未区分

我国目前在海水水质标准中，仅仅对温度进行了划定，例如第二类海水水温“人为造成的海水温升不超过当时当地 4 ℃”，而对于余氯、高盐水以及低放废水而言，并没有明确其排放标准。例如，余氯一般采用 0.01 mg/L 的全潮包络线作为最大边界；而对于低放废水来说，四类海水的排放标准没有明确的区分标准，只有一个统一的排放标准，等等。这些无标准可参考或标准不明晰的局面不利于国家海洋环境管理或者海洋生态文明建设。

4.6.1.4 对温排水、高盐水的综合利用缺乏关注，利用率低

有研究指出，电厂温排水多在 50 ℃以下，属于低品位热能，直接利用范围较窄。纵观国内核电和火电，利用其温排水余热再生产的较少，即使有部分电厂会再次利用余热，但是绝大多数也是局限于网箱养殖，利用率不高。

在北方的电厂中，余热利用使得亲鱼的产卵时间得以提前，这为提高寒冷地区渔业产量创造了有利条件，带来了明显的经济效益。但是，余热养殖尚有很多技术难题未解决，因此并未得到全面推广。同时，海水热泵技术在我国现有电厂的余热利用中还未有涉猎，可在今后电厂的管理中，做进一步的论证研究。

滨海核电在运行中，海水淡水产生的高盐水基本被直接排进大海。对高盐水而言，可用于提炼各种化学物质，如镁、溴、碘等，但是其提炼成本过高、技术过于复杂导致目前利用较少。但是在未来核电的发展和管理中，应积极鼓励和支持对高盐水利用技术的开发与创新。

4.6.1.5　废液影响缺乏长期的定量分析

我国在余氯对海洋生态环境的影响研究中，多采用定性分析方法，定量分析所做的研究工作较少。目前除大亚湾核电之外，其余核电基本没有做过定量分析。根据大亚湾的研究结果[80]，由于核电站不间断地排放余氯，邻近海水环境中的余氯一直保持一定的水平，其中的生物也一直受此浓度水平的余氯胁迫，长期效应如何，仍需要数据的支撑，需要长久监测。这就说明，我国在余氯的后监测管理中，尚存在不足。

滨海核电在我国起步较晚，发展较快，就目前而言，低放废液对海洋生物以及海洋生态系统产生了何种程度的影响，现有的研究成果还难以精确回答。这主要是因为低放废液中含有的放射性物质半衰期较长，而目前已有的监测数据时间序列较短，难以对其影响做出定量的分析。

4.6.1.6　低放废液对生态环境的风险研究不足

核电之所以受到关注，就因为在其排放废液中含有低放射性物质。对滨海核电而言，低放废液应该成为核电站安全管理的监管内容之一。对于放射性流出物的监测和排放，我国有规范的管理流程和明确的管理规定。在排放过程中，所有的放射性流出物都会通过相应的辐射监测系统通道，实行在线监测，当监测数据超过设定的阈值时，排放阀自动关闭。我国在《核动力厂环境辐射防护规定》（GB 6249—2011）中对液态放射性流出物的年排放量做出了明确规定，每座核电厂向环境释放的放射性物质对公众中任何个人（成人）造成的有效剂量当量，每年应小于 0. 25 mSv[81]。

我国近岸海底有广阔的大陆架，其中渤海和黄海的全部、东海的 2/3 海域、南海1/2海域都位于大陆架上。对海洋生物而言，深度浅、坡度缓的近岸海域为底栖生物寄居、鱼类产卵繁殖以及人工增养殖的最佳场所。然而，在核电厂的低放废液的排放方式中，不论是采用直排还是深排入海的方式，其低放废液都会造成海水和沉积物中放射性核素的累积，通过生物链和生物网在动植物体内进行累积，进而通过食物链对人体健康造成威胁。因此，在滨海核电废液排放的管理研究中，有必要从电离辐射对海洋生态环境系统的健康评估、生态安全评估的风险角度进行低放废液的排放管理研究。

4.6.1.7 滨海核电规划与近岸海域环境功能区的不协调性

由于近岸海域环境功能区划研究早于滨海核电站的兴建，因此核电站近岸海域环境功能区的水体使用功能定位缺乏前瞻性，随着核电事业的发展，国家在近岸海域环境功能区的划分上进行了一定的调整，但是从目前管理来看，我国近岸海域环境功能区缺乏阶段性的评估管理工作，因此其调整的依据缺乏客观性和科学性。

4.6.2 滨海核电废液排放安全管理的对策研究

本书针对上述废液排放管理中存在的不足进行分析研究，为保证滨海核电废液排放的安全性，即最大化减轻核电废液排放对海洋环境的影响，从海洋管理的角度规范完善相关管理程序，拟提出如下管理对策及建议。

4.6.2.1 进一步完善法规标准体系

在实际管理工作中，完善的温排水法规体系的建立是顺利开展温排水环境影响评价和监管的政策法规保障，亟须加强。在相关的法律法规中，应明确界定温排水的定义、性质以及属性和排放标准，从法律角度明确提出温排水的从属范围。同时，在排污许可证、排污收费等相关法规中明确温排水企业应承担的法律义务和责任。即从法律角度支撑并完善温排水的管理。

作为核电废液排放管理的基础，要尽快制定具有前瞻性、稳定性、科学性的核电废液排放标准，要充分考虑经济、技术、健康、环境等因素，并妥善平衡这几者之间的关系。与此同时，还应根据标准出台相配套的程序化规范，并将其纳入监督实施条款，在法律中明文规定并与之形成一个闭合的完善体系。例如，在制定温排水控制准则的时候可以参考美国环境保护署（USEPA）提出的相关准则；在高盐水排放中，可以具体参考澳大利亚的相关盐度指标等规定。在此基础上，结合我国水体温升、盐升、低放废液控制等实际情况，执行相应的标准，并可根据不同地区特点（地理、社会、人文等）因地制宜地制定地方执行标准。

4.6.2.2　开展核电废液污染影响的基础研究

核电废液影响评价是基于温升、盐升、低放废液扩散范围以及化学物质等扩散预测结果而进行的，为提高预测结果的准确性，对从预测模型的选取，到边界条件的处理，以及水面风速、水面散热情况、气温、潮位、流速、水下地形等各项参数选取应做进一步的要求。同时，在滨海核电厂并网发电运行之后也应考虑采用一定的实际监测数据对模型参数和预测结果加以修正。

在实际研究中，我国对滨海核电废液组成物质对环境影响的研究技术手段尚存不足。以热污染研究为例，在评价中需要考虑给出的保护水生生物种免受温升影响的原则要求[82]。但在目前条件下，受制于技术手段，我国对温升生态效应的影响还处于定性分析阶段。在水生生物的热影响指标试验中，先进模型采用较少。即使有所研究，也仅仅涉及部分区域，如大亚湾、浙江沿海和辽东海域。此外，研究对象多为较易判断死亡或昏迷的鱼虾类，而其他类别的水生生物的热耐受性数据则少有研究和收集。因此，在下一步的管理工作中，我国应该逐步加强技术手段的基础研究，对核电废液排放影响的计算模式进行建立和改进。

在具体评价中，废液对环境和生态影响的基础观测数据捉襟见肘。因此，在核电厂废液环境和生态的调查中要有针对性地增加实地调查内容，加强研究不同海域和水域中重要海水水质指标要素、生态影响程度以及生物影响等，以获得较为系统的废液对环境和生态影响的基础数据，为管理工作的进一步展开与科学的生态系统健康评估和生态安全评估提供可靠的数据支撑。

4.6.2.3　考虑污染要素叠加的影响

国家经济建设用电需求逐年增加，伴随而来的是核电厂建设数量、规模的大规模发展，在同一海域内建设多个核电、火电厂已经不足为奇，同时电厂和海水淡化厂位于同一海域的情况也会在不久的将来出现，因此在核电废液排放环境和生态影响预测中，必须考虑环境影响和生态影响的叠加效应。

叠加影响是建立在对多个排废源进行计算预测和评价的基础上或者不同废液组成要素的叠加计算和评价的基础上，但是目前我国采用的预测基本都是基于单个要素或单排放源的，因此在加强单污染源或者单要素影响范围预测、评价及管理研究的同时，还需要跳出目标工程废液污染研究的局限性和狭隘性，树立大水域统筹评价、规划和管理的大局理念，科学合理地评估水域的整体承载能力和环境容量，合理布局同一海域内各取、排水口的位置及排废水量的控制。

4.6.2.4 政策上提倡、鼓励有利于减少废液污染的新技术、新工艺的应用

污染治理的根本在于源头的治理与控制。除在已受影响的水生态环境中寻求减轻污染影响的种种措施外，最根本的莫过于不使废液中的污染物进入水域，或减量进入受纳海域。因此，在滨海核电厂的技术和工艺发展方面，应积极鼓励核电厂的运行技术和工艺水平不断创新和提升，以减少废液的产生和排放。而对于积极创新和采用新技术、新工艺的核电企业，应出台合理优惠政策给予鼓励和奖励，以充分调动核电企业创新和技术革命的主观能动性和积极性，提高新技术和新工艺的创新率和应用率，从而从源头上控制或降低废液的排放量和污染度。同时，国家也应积极出台鼓励电厂余热再利用、高盐水再利用的相关政策，对于利用余热或高盐水进行再生产加工的企业给予优先发展的政策和优惠条件，并且积极完善市场销渠道以扶持其相关产品的销售，辅助其形成闭合市场流通机制。

4.6.2.5 建立和完善近岸海域环境功能区管理体系

近岸海域环境功能区管理包括环境功能区的区划、阶段性的评估和调整、长期的专题性监测等环节，每个环节并不是独立存在、独立管理的，而是呈上下衔接的作用。因此，在近岸海域环境功能区管理中，政策的制定与实施必须具有衔接性和连贯性。至 2002 年，我国就已经完成并颁布了近岸海域环境功能区划，如前文所述，滨海核电产业的发展和海域功能区划定之间存在着时间错位的问题，这使得滨海核电站近岸海域水体的环境功能使用定位缺乏前瞻性，从而造成了功能区调整申请的需求。但是，我国目前的近岸海域环境功能区管理中，统一的阶段性评估与调整机制并未建立完成，从而造成了当下环境功能区被动、局部调整的局面。因此，在今后的近岸海域环

境功能区管理中，应尽早建立适宜的评估和调整机制，补充完善统一连贯的管理政策体系。

4.7 小　结

本章对滨海核电废液排放进行了详细论述，首先对滨海核电废液排放的情况进行了概述，给出其废液定义，继而指出了排废液体的来源以及危害。本书将排放废液的管理分为技术管理、监测管理和环境功能管理三个方面，并分别对各方面的管理进行评述，最后指出当下滨海核电排放废液管理中存在的问题并给出建议，为滨海核电的安全运行及科学地进行生态系统健康评估、生态安全评估，保护当地生态的可持续发展方向提供一定的参考。本章得到如下结论。

（1）在核电废液的排放管理中，针对温排水的排放，本书从流速和垂直混合两方面对二维和三维计算模式进行分析对此，指出三维模式计算结果更加接近真实的温排水扩散现象，并通过实例指出在滨海核电的废液排放中，技术管理手段在进一步发展的过程中，实际监测手段也是不可或缺的管理之一。

（2）我国核电在排放废液管理方面虽然取得了一定的成果，但是还存在以下问题：滨海核电温排水现行管理标准不完善，废液排放的整体规划欠缺，对温排水、高盐水的综合利用缺乏关注且利用率低，低放废液的生态环境的风险研究不足，取、排水口工程设置布局尚存缺陷以及滨海核电发展规划与近岸海域环境功能区之间不协调等。

（3）根据以上问题的提出，本书认为我国滨海核电废液排放的发展方向为以下几点。

① 进一步完善法规标准。作为核电废液排放管理的基础，要尽快制定具有前瞻性、稳定性、科学性的核电废液排放标准，要充分考虑经济、技术、健康、环境等因素，并妥善平衡这几者之间的关系。与此同时，还应根据标准出台相配套的程序化规范与流程，并将其纳入监督实施条款，在法律中明文规定并与之形成一个闭合的完善体系。

② 开展废液污染影响的基础研究。基础研究主要包括基础数据的充实、预测模型的选取、参数的选择和优化模型、边界条件的处理研究以及用于废

液影响预测的技术手段的发展与完善等方面。

③ 考虑污染要素叠加的影响。在今后的废液影响的预测和研究中，在加强单污染源或者单要素影响范围预测、评价及管理研究的同时，还应充分考虑到多个污染源或多个污染要素的叠加效应，树立大水域统筹评价、规划和管理理念，科学合理地评估水域的整体承载能力和环境容量，合理布局同一海域内各取、排水口的位置及合理控制排废量。

④ 政策上提倡、鼓励有利于减少废液污染的新技术、新工艺的应用。在核电厂的技术和工艺发展方面，应积极鼓励核电厂的运行技术和工艺水平的不断创新和提升，以减少废液的产生和排放。而对于积极创新和采用新技术、新工艺的核电企业，应出台合理的优惠政策给予鼓励和奖励，以充分调动核电企业创新和技术革命的积极性，提高新技术和新工艺的创新率和应用率，从而从源头上控制或降低废液的排放量和污染度。国家也应积极出台鼓励电厂余热、高盐水再利用的相关政策，对于利用余热或高盐水进行再生产加工的企业给予优先发展的政策和优惠条件，并且积极完善市场销渠道以扶持其相关产品的销售。

⑤ 建立完善的近岸海域环境功能区管理体系。我国目前的环境功能区管理，统一的阶段性评估与调整机制尚未建立，从而造成了当下环境功能区被动、局部调整的尴尬局面。因此在今后的近岸海域环境功能区管理工作中，应尽早建立适宜的过程评估和调整机制，制定完善的统一连贯的管理政策体系。

第5章　滨海核电地震海啸风险管理研究

5.1 地震海啸概况

5.1.1　地震海啸的发生

地震是地壳在瞬间释放能量的过程中引起的地壳震动，该震动产生的地震波在传播过程中形成地震。就目前研究来说，地震发生的主要原因是地球上两个板块在运动过程中相互挤压碰撞，引起板块边缘或板块内部发生破裂或震动。从统计学意义上来讲，全球每年发生约500万次的地震，平均每天就有1万多次，但其中的大多数都太远或者太小，不被人类所察觉，只能被地震仪记录下来。

地震的发生，从统计学的角度讲，是有一定的规律可循的。绝大多数的地震都发生在板块边界区域，其中全球地震的70%分布在环太平洋地震带，15%分布在欧亚地震带，还有5%分布在大洋中脊，其他的10%则分布在板块内部。但是，这种统计学上的大致规律并不能明确告诉我们地震发生的时间和强度，这主要是因为人们至今也未能完全清晰地了解地震的产生机制和原理。最近几年发生的地震的数据也验证了这种随机性。2010年美国地质勘探局曾经发布数据：自1900年以来，全球平均每年发生16次7级以上的大地震。有的年份，如1986年至1989年只有6次，而1943年则高达32次。当前的科学技术水平还无法准确预测地震的发生时间与地点，且就目前科技水平的发展来看，可能相当长的一段时期内，地震发生的时间和地点也无法预测。地震发生的这种随机性导致了人类对地震的研究都局限在发生后，因此目前我们人类能做的就是提高建筑物、工程项目的抗震等级，做好抗震预防工作，以期在地震发生时能将危害降至最低。对于滨海核电项目来说，由于地震的无法预测性，加之厂址受震后可能存在的核泄漏危害，要求核电厂的选址与设计都要充分考虑防震因素。

海啸是指由水下地震、火山爆发、海底塌陷或剧烈气象变化所引发的具有破坏性的高波速巨浪。海啸的波速最高可达到每小时 700 km～800 km，波长可至数百千米，在短短几小时内就能越过大洋，且在大洋传播的过程中能耗很低，在传播数千千米后依旧具有高能量，当其传播至近岸浅水海域时，波长迅速减短而波高迅速增高，形成可达数十米高的具有巨大能量的巨浪水墙，破坏力极大。

同时海啸又是一种频率介于潮波和涌浪之间的重力长波。它的波长达几十千米至几百千米，周期范围比较大，为 2 min～200 min，常见的周期在 40 min 以内。海啸在深海传播时，由于波高与波长之比很小，周期较长，往往难以察觉到。只有快到近岸时，才会形成有破坏力的巨浪，这就给海啸的预测提出了难题。

在海洋灾害中，威力最大的莫过于海啸了。一旦海啸发生，巨大的海浪会以排山倒海之势淹没大片的土地，给沿岸造成毁灭性的破坏。海啸之所以会造成巨大的破坏，跟诸多因素有关。首先，海啸的最初能量是海底地震散发出的巨大能量。其次，海啸的破坏性还与海啸波的传播有关。当受到地震能量作用时，压缩性很小的海水只能以同等规模的波动形式把能量传播出去。大洋中海啸震源附近水面最初的升高幅度只有 1 m～2 m，这种洋波在深水大洋传播时，不会在深海大洋造成灾害甚至难于察觉。然而当海啸波进入大陆架后，因深度急剧变浅，能量迅速集中，使得海啸波振幅迅速增大，这时就极有可能出现波幅为 20 m～30 m 的巨浪，并造成波峰倒卷。这种巨波一旦上岸，所到之处便是一片废墟。也正是这些原因，海啸才成为生命的最大威胁和最可怕的自然现象之一。

就受灾现场的地理位置来说，海啸可分为越洋海啸和本地海啸两类：越洋海啸是指横越大洋或从很远处传播而来的海啸。海啸波属于海洋长波，一旦在发源地生成后，在无岛屿群或大片浅滩、浅水陆架阻挡的情况下，一般可传播数千千米且其能量衰减很少，因此可能造成数千千米之外的地方也同时遭海啸灾害。例如 1960 年 5 月 23 日，智利沿海 700 km 长的地壳发生变动而产生地震，是世界地震史上一次震级最高、最强烈的地震，震级达 8.9 级

(后修订为 9.5 级)。而这场地震引起的海啸同时也波及了大洋彼岸的日本沿岸。据统计，在这场灾难中，智利死亡 909 人，下落不明 834 人，伤 667 人；日本死 119 人，下落不明 20 人，伤 872 人，房屋、船舶也都遭受到不用程度的破坏。

本地海啸即局地海啸，目前绝大多数的海啸都属于本地海啸。这种海啸的破坏力远大于越洋海啸，因为本地海啸的发生源地离受灾的滨海地区较近，因此海啸波抵达海岸的时间很短，有时短至几分钟，长者也仅仅几十分钟。在这种情况下海啸预警时间更短或根本无预警时间，因而往往造成极为严重的灾害。本地海啸在发生前一般会有较强震感或震灾的发生。全球很多伤亡惨重的海啸灾害都属于近海海底地震引起的本地海啸。

5.1.2　福岛核电事故负面影响分析

海啸在日本，则特指涌向湾内和海港的破坏性的大浪，并称之为“津波”。只在地震构造运动出现垂直断层，震源深度小于 20 km～50 km，震级大于里氏 6.5 级的条件下才能发生。海底没有变形的地震冲击或海底的弹性震动，可引起较弱的海啸。

2011 年 3 月 11 日 13 时 46 分(本小节均采用东 9 区的日本时间叙述)，日本东北部近海发生里氏 9.0 级特大地震，该地震导致福岛第一核电站所有机组场外电源全部丧失，但是反应堆主体并没有被破坏。随后，日本方面启动应急柴油发电机，但是在 15 时 41 分，14 m 高的海啸袭来，海水漫过防护堤，厂区洪水泛滥，造成核电站全面失电，唯一可供利用的仅剩下蓄电池(提供堆芯隔离系统的运转)，而照明系统、仪控系统、通风系统和冷却系统全部停运。

在此事故中，福岛第一核电站 1～4 号机组中的反应堆先后发生爆炸，造成严重的核泄漏。为了防止反应堆因高温再次爆炸，日本方面声称只能依靠不断地注入海水进行冷却，由此产生了至少 6 万吨高放射性污染水，部分污水泄漏进入机组附近的地下隧道、竖井甚至海中，严重污染了土壤、地下水和附近海域的海水。更为严重的是，在事先没有向周边国家告知的情况下，日本东京电力公司将万余吨的核污水直接排放入海，声称“以便腾出空间处理部分机组内的高放射性积水”。大量放射性废液直接排放入海，使日本附近海域、西太平洋海域及周边国家遭受核泄漏的影响，在海洋动力条件的影响下，甚至会在个别海域形成核辐射污染区，对海洋生态环境产生长期不良影响。

福岛核电站核泄漏上演了混沌学中的“蝴蝶效应”的理论。虽然福岛核电站事故对日本造成的伤害程度和对世界环境的影响，至今尚难定论，但如同切尔诺贝利核电站事故一样，它形成的冲击波已形成蝴蝶效应，令全世界都陷入了核辐射的恐慌当中。广大民众对发展核电的信心受到重大打击，对发展核电可能造成的环境灾害和自然灾难日趋忧虑。核电又一次成为备受争议和攻击的议题，这无疑给全世界正在复苏的核能产业泼了一盆冷水。

福岛核事故引起了各个核电大国的警惕。德国总理默克尔于2011年3月15日宣布，德国将暂时关闭7座1980年以前投入运营的核电站，为期3个月。其他10座核电站中，除石荷州一座1983年投入运营的核电站因故障已关闭外，其余9座核电站将继续运转，但同时要无条件地接受彻底的安全大检查，包括对核电站进行更新和维护，检查冷却系统和紧急供电系统是否安全可靠等。

而在中国和俄罗斯，虽然多数人依然表示赞成核电站建设，但其比例也下降了10%以上。我国为应对福岛核事故做出了一系列的积极措施，例如对现有核设施进行全面安全检查、严格审批新上核电项目、做好核电机组实时监测和环境监测等工作。

5.2 中国地震海啸潜在危险分析

5.2.1 地震震源的潜在危险分析

我国位于环太平洋地震带和欧亚大陆地震带之间。根据中国地震网提供的数据统计，自新中国成立以来，我国历史上发生的破坏性地震有百余次，受灾面积至少有30万km^2。如图5-1所示，我国的23条地震带主要分布在5个地区，从上图可以看出我国地理辽阔，在核电站选址时可有效地避开地震带，但是滨海核电站的选址不仅要考虑地震带，还应考虑地震海啸所带来的灾害。

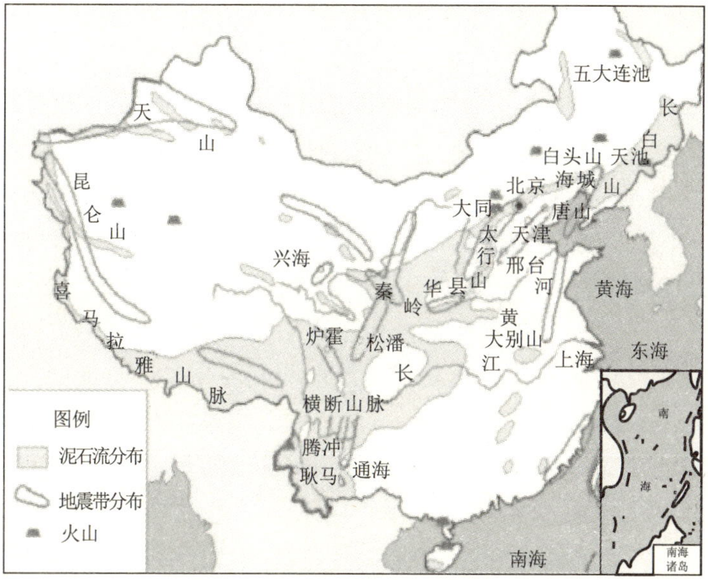

图 5-1　我国地震带分布情况

虽然目前有很多研究表明，我国沿海海区水深普遍处于 200 m 以内的浅水区，且大陆架较为宽广，从地质构造角度看我国沿海地区少有大的断裂层和断裂带，因此无论是当地海啸还是远洋海啸对我国沿海都不会构成威胁。即使这样，鉴于核电站的特殊安全性，我国滨海核电站建设的海啸设计依旧要严格按照有关法规进行。

5.2.2　近海海啸震源危险分析

我国及周边沿海紧邻环太平洋地震带，既面临局地海啸的威胁，也受区域和越洋海啸的影响。以下给出历史上发生在中国近海的局地海啸和区域海啸的记录。

（1）1992 年 1 月 4 日，海南岛西南部海域（18 海南，108 南岛）海底发生群震。海南岛周围 4 个验潮站与北部湾内 1 个验潮站，完整地记录到这次地震引起的海啸波，南端的榆林站记录到这次地震海啸波的最大振幅达 78 cm。

（2）1994 年 9 月 16 日，台湾海峡（23 台湾，18. 5 海峡）发生 7. 3 级地震，福建省东山站当日验潮水位曲线出现异常，海啸波幅 26 cm。

（3）2006年12月26日，我国台湾岛西南部海域发生7.1级地震，广东南澳、遮浪、汕尾，福建东山、崇武、三沙、厦门、平潭等潮位站记录到了此次地震海啸过程，东山和崇武站分别监测到10 cm和7.8 cm的海啸波。

除了局地和区域地震海啸，越洋海啸同样可以对我国造成影响。我国东海与太平洋相连，发生在环太平洋地震带上的较大越洋海啸可以横跨太平洋传播到我国沿海。以下给出历史上几次对我国有影响的越洋海啸记录。

（1）2010年2月27日14时34分，智利发生了8.8级地震，引发了海啸，28日16时20分海啸波在穿越整个太平洋后进入我国东南沿海，这是我国首次仪器记录到越洋海啸。台湾东部沿岸监测到6 cm～19 cm的海啸波，浙江石浦和椒江潮位站分别监测到28 cm和32 cm的海啸波。

（2）2011年3月11日13时46分，日本东北部近海发生9.0级地震，地震引发的海啸在6 h～8 h传到我国大陆东南沿海，浙江沈家门、大陈、坎门、石坪、石浦、健跳，福建东山、三沙、平潭、台山及广东汕头、汕尾等潮位站先后监测到振幅为10 cm～55 cm的海啸波，其中最大海啸发生在沈家门站波幅为55 cm。

影响我国东部沿海的区域海啸的潜在海啸源主要分布在琉球海沟、台湾岛、马尼拉海沟一线（如图5-2和图5-3所示）。中国地震局地质研究所等单位，针对琉球海沟和马尼拉海沟等区域海啸源的震源参数做过评估[83]。评估认为，琉球海沟和马尼拉海沟位于菲律宾海板块西侧，属于次级板块碰撞带，而且琉球海沟和马尼拉海沟构造规模较小，海沟带的总长度远小于发生在环太平洋地震带上9级以上地震的板块俯冲带规模。根据历史地震资料，琉球海沟最大历史浅源地震为1916年8级地震，马尼拉海沟东侧历史最大地震为1796年8.4级地震。采用历史地震资料和构造类比方法，估计琉球海沟俯冲带的震级上限为8.5级，马尼拉海沟俯冲带的震级上限为8.6级。

5.2.3 越洋海啸震源危险分析

环太平洋潜在震源的分布主要依据俯冲带的位置而确定。参考美国国家大气与海洋管理局（NOAA）的海啸危险性评估和预测系列报告中的震源位置，结合全球近50年7.5级以上的强震分布示意图（图5-4），同时考虑潜在震源可能引发的海啸对我国特别是福建沿海地区的影响程度，本书在各俯冲带上选取较典型的破裂源，综合给出环太平洋的潜在震源位置示意图（图5-5）。

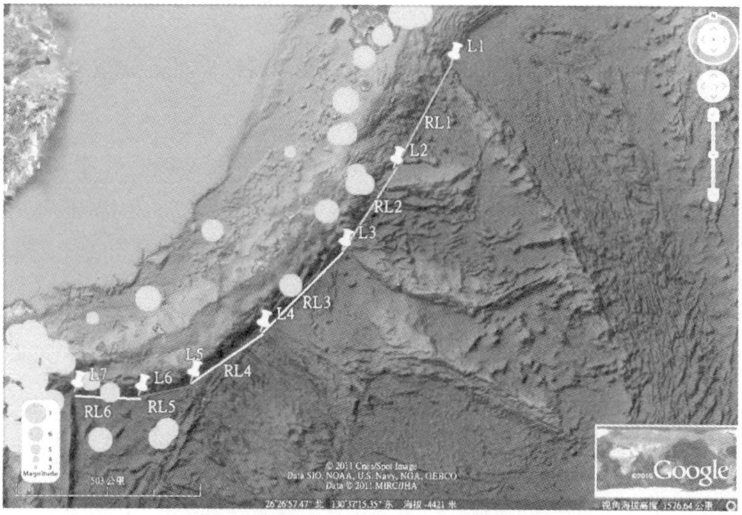

图 5-2　琉球海沟潜在地震源位置

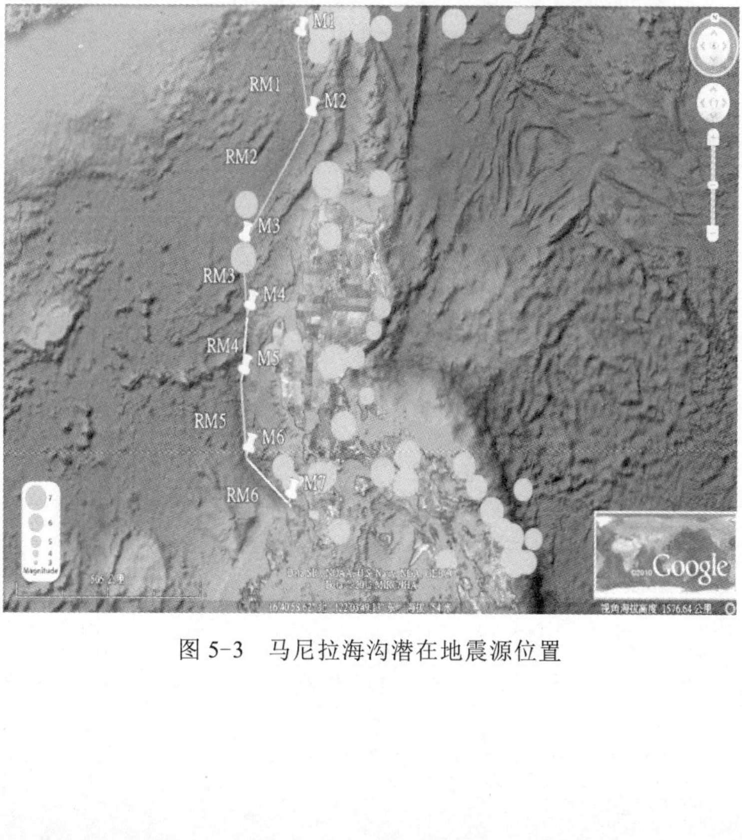

图 5-3　马尼拉海沟潜在地震源位置

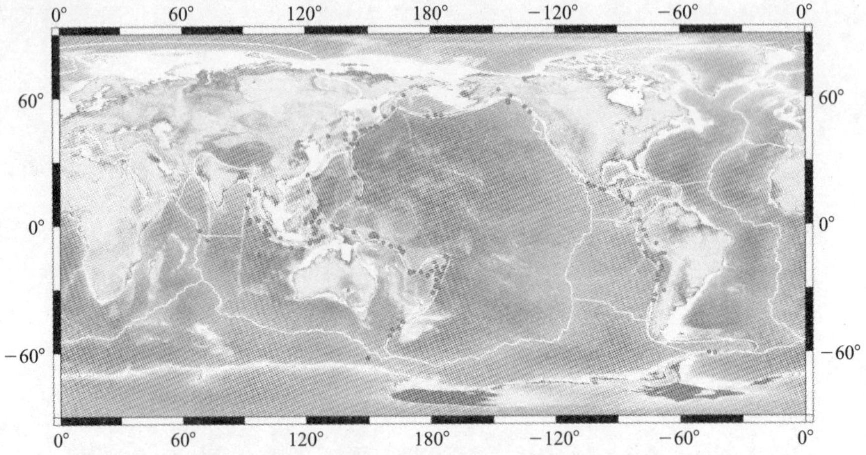

图 5-4　全球近 50 年 7.5 级以上强震分布图

图 5-5　环太平洋俯冲带的构造位置

环太平洋海区是世界上发生海啸最多的地区，占海啸总数的 80%。西北太平洋海域，更是地震海啸的集中发生区域。海啸的流速从海面到海底几乎是一致的，当它传播到近岸时，海水的流速很大，约为 10 m/s，当波峰先到岸边时，就会骤然形成波高为十几米的“水墙”，该“水墙”直接扑向岸边，产生的巨大冲击力可使堤岸决口；而当波谷先到岸边时，则近岸水位会出现骤然降落，导致平时看不到的水下礁石迅速裸露出来。海啸在海岸附近造成的危害，大多是由最初形成的 2 到 3 个波所产生的，也就是在第一个波峰到达岸边后的几小时内产生破坏作用。2004 年 12 月 26 日，印度尼西亚海啸造成超过 20 万人死亡，足以见证海啸的巨大破坏力。

5.3 我国滨海核电地震海啸管理存在的问题

5.3.1 我国地震海啸的基础研究存在不足

地震波沿着地壳传播的速度远大于地震海啸波传播速度，因此在理论上海啸具有可预报性。但因海底地形复杂，海底变形很难预测，所以海啸预报比地震探测要困难得多。核安全导则《滨海核电厂厂址设计基准洪水的确定》(HAD101/09)给出了推荐的分析方法和模拟方法，包括海啸源、海底运动模拟、水面移动的初始形式、海啸波的传播以及海啸波到达近岸后波浪爬高和减水计算等内容[84]。

在现有的技术水平条件下，主要依靠数值模拟的方法做出海啸实时预报和灾害评估。海啸数值模拟就是以海啸源作为初始条件，通过数值计算，得出海啸到达海岸的时间和可能的最大爬高等。这些数据是建立海啸撤离方案、减少人员和财产损失的基本依据。

当海啸到达近岸遇到沙滩或者防洪堤坝后会发生爬高现象和破碎，波浪的爬高是一种消耗能量的方式，而海啸爬高的高度则取决于来浪方向、波幅、堤坝的粗糙度和坡度以及近岸水深等因素。目前国外已有很多专家利用实验室水利模型试验和计算机数值模拟等方法研究爬高影响：1986 年 Synolakis 提出了孤立波爬高公式[85]，2008 年 Hsiao 提出了孤立波模拟海啸破碎状态下的爬高公式[86]。国内也有类似的研究，如在 2010 年，丁全林、汪德爟等在《陡墙上孤立波爬高的 LBM 模拟》一文中就利用数值模拟技术提出了孤立波对陡墙即直墙的爬高公式[87]。

我们知道，在数值模型中最重要的就是数学模型的建立和应用。数学模型是建立在物理机制的研究基础上。关于海啸生成机制的研究，现在多基于假定，一般多假定为线性生成机制，包括瞬时的海底抬升。但是也有研究证实，有很多的地震海啸是通过长时间的累积而形成一定规模，继而造成巨大灾害的。如果是这样，线性生成机制假设所得到的结果必然影响初始值的确定以及爬高高度的准确性。因此，非线性生成机制假设也有学者进行探索和研究，但是总体而言，现有的研究还不足以探明地震海啸的生成机制。

在地震海啸的研究中，初始值研究也是一个热点问题。在现有条件下，由于地震测量的局限性，我们暂时还无法详细得知海底地震变形的各种参数，比如断裂方向、长度、宽度、几何形状、滑移结果等，尤其是在做实时预报海啸的工作中，这些参数的获得就更加困难。一般情况下，对于已经有记录的地震，海啸模式模型计算的初始条件都是通过近似计算得到的；对于没有记录或者实时海啸而言，初始条件都是通过假定得到的。这种假定条件获取的计算结果肯定会有很大的误差，因此，在今后的研究中，需要着重加强初始值研究，尽可能将初始值的精度提高到可接受范围。

数值模拟中，虽然时间分辨率可以设置选择，但是空间分辨率却和海底地形数据和近岸陆地高程数据密切相关。直至现在，高分辨率或者精确的大洋和近海地形数据仍比较缺乏。在近岸地区，近岸高程的准确性对海啸的爬高计算精准度起着决定性的作用。在现有的爬高计算中，一般通过假定海底地形均匀变化和岸线高度等高程来进行计算，由于这些数据的不足而导致的人工近似和假定直接影响了数值模拟的精度，尤其是爬高高度的数值模拟精度。

海啸数值计算中，选择一个好的便利数值离散方法也是非常重要的。在常用的离散方式中，有限差分方法以其成熟和高效而被常用求解偏微分方程和积分方程，在海啸的数值模式计算中，也常用这种数值离散方法。虽然该种数值离散方法计算便利，但是该方法对复杂区域和边值条件的处理略显粗糙，因此高精确度的数值离散方法也需要进一步研究。

5.3.2 我国地震海啸预警系统建设不完备

海啸是向外传播的，因此知道了地震在海中发生的位置或者在某处实测获得海啸的发生，则可以利用海啸传播需要的时间及时向其他地方发出海啸警报。例如，在智利地震海啸发生时，根据海啸传播的方向，可以预判海啸传到夏威夷需要 12 h，而传到日本则需要 22 h。利用海啸不断从发源地向外传播的机理，一旦从地震台和国际地震中心得知海洋中发生地震的消息，海啸警报中心 PTWC 就可以计算出海啸传达至太平洋各地的时间，然后发出警报。这就是最早期的海啸预警系统。但是我们知道，海啸的发生是一个复杂的过程，有时即使发生了地震，也不会产生海啸，因此历史上有多次虚报的情况，在 20 世纪虚报的比例高达 75%[88]。近年来，随着历史资料的深入分析和数值模拟技术的发展，虚报比例有所下降。

印度洋海啸事件发生后，基于多年海啸预警技术研究工作，国家海洋环境预报中心进一步开发研制适用于我国的海啸传播数值预报模式。我国在第二代海啸预警系统中应用了美国大气海洋局（NOAA）研究的基于浮标监测数据反演预报技术[89]。海洋国家海洋环境预报中心最新一代海啸预警系统平台化进入业务化试运行标志着国家海洋局已经初步具备了全球海底地震以及引发的海啸的自动化监测预警能力。该平台先进性强，具备获取和处理海啸预警数据、海啸数值模拟计算、海啸警报制作以及发布的所有功能。在 2013 年 11 月，国家海洋局海啸预警中心正式成立，是我国负责监测、预报和发布海啸预警的国家级预报预警中心。

我国海岸线漫长，就全海域而言，我国的预警信息监测系统还存在着硬件不足的现象。如前所述，我国国内强地震主要分布在台湾、广东和海南等沿海经济较发达地区。但是有资料显示，南海附近的广东、海南两省目前并没有有效的海啸预警监测系统。广东省的地震监测台网的监测范围只局限于陆地，现今尚未建立海域地震监测系统。由于地理位置的限制，使广东省地震台监测南海地震的张角较小，难以准确确定震源参数，更无法快速计算震源机制。以目前对南海的地震监测现状，尚无能力对南海地震准确定位，更无法判断已发生的地震是否会引发海啸。

5.3.3　地震海啸次生灾害的预测和评价研究不足

地震海啸的发生，除直接影响外，还会存在大小不等的次生灾害影响，如火灾、水灾、传染性疾病、放射性物质的扩散、停产停业、生命线工程中断（供水、供电、交通、通讯等）、社会动乱等，都属于次生灾害。

本书以日本福岛核泄漏事件为例，论述次生灾害的重要影响。福岛发生核泄漏事件后，城市基础设施遭受毁灭性的打击：仙台机场一片汪洋，多条道路一分为二，新干线全线遭到严重损害，多个村庄在海啸的冲击中消失，数万房屋被夷为平地。通信设施在地震中严重受损，自动取款机停止工作，电力供应也出现极度困难。因地震和海啸而死亡和失踪的人数达到数万。据不完全统计，此次灾害直接损失达 30 万亿日元。由于受灾范围广、灾害影响程度大，而且还将面临核泄漏事故的后处理，这更为重建事业增加了很大的难度。

日本核泄漏对核电站周边产生了全方位的危害，人、生物、大气和水都受到不同程度的污染。放射性物质铯的严重污染会造成核电站周边至少数十年无法居住和生存。日本采取不负责任的方式将含放废液直排入海，核电周边海域已被严重污染。对日本国民而言，则是更加加剧了食品安全的危机。核电事故的次生灾害影响将是长期的，并且给日本民众带来了沉重的心理负担。

日本福岛核事故的发生，让我们清醒地认识到核事故造成的直接危害和次生灾害的长期性和巨大性。因此，我们应该做到未雨绸缪，采取科学合理的手段对核事故的次生灾害进行研究，全方位模拟评价次生灾害的类型、影响范围和程度，提前做好防御措施，如若发生相关灾害，则直接启动应急系统，做到有条不紊，以减轻次生灾害产生的不利影响。

5.3.4 海啸核应急监测与评价体系存在不足

核应急(辐射)监测是指在核电站或核设施发生或怀疑发生核事故时，对环境辐射水平进行监测[90]。核应急监测的目的是为了及时收集详尽的辐射数据，以便于协助评价核事故后果及考虑应采取的防护措施。它包含多项工作内容：研究和制定应急方案统筹、进行辐射物质监测取样及分析，定性和定量评价核事故的性质、影响程度和影响范围，给出所需的防护措施建议等。

滨海核电核事故应急是核事故场外应急的一部分，也是核应急专业技术支撑的体系之一。核应急是核电站纵深防御的最后一道防线。2005 年国务院和国家核应急办批准发布的《国家核应急预案》修订版是新时期内指导我国核应急工作的权威文件，对指导我国海洋核应急工作、健全我国海洋核事故应急体系以及提升海洋放射性应急监测与预警能力具有十分重要的实践意义。

目前，我国已经初步建成了国家核应急检测与评价体系，2011 年福岛核电事故之后，国家海洋局迅速启动应急机制，在我国管辖海域之内持续开展放射性跟踪监测工作，并且在西太平洋公共海域开展放射性监测工作。

在肯定我国核应急工作取得成效的同时，我们也应该清醒地认识到在核应急方面我们还有一些亟须解决的问题。

5.3.4.1　我国海洋放射性监测能力地区发展不均衡，差异较大

总体而言，海洋核事故中释放出放射性核素通常有 ^{110m}Ag、^{131}I、^{90}Sr、^{134}Cs、^{60}Co、^{239}Pu、^{58}Co、^{137}Cs、^{54}Mn 等[91]。就目前全国调研来看，国家海洋局南海分局和国家海洋局第三海洋研究所早在 20 世纪六七十年代就建立了海洋放射性监测专业实验室，具备了核事故应急能力。而其他海洋放射性监测系统部门，因种种原因，发展缓慢，有待进一步提高发展水平。目前，我国海洋放射性监测能力、核事故应急技术能力、应急队伍人才建设和仪器设备配备建设等方面参差不齐；就地区核监测能力来看，我国海洋放射监测能力较强的单位和部门主要集中在东南部海域，北方和海南等省份监测能力较弱。海洋放射性监测和核事故应急能力的这种地区发展的不平衡性，严重制约了我国海洋核应急工作的实施和发展。部分沿海省（自治区、直辖市）级海洋主管部门海洋放射性监测系统不完善，监测能力极其薄弱，严重缺乏海洋放射性应急监测的经验，对于这些地区而言，核应急监测管理的发展更为艰难。

5.3.4.2　海上核应急演练不足，应急启动速度及协调性不足

核电厂一旦发生核泄漏，其危害范围广，持续时间长。我国海洋灾害应急预案的发布虽然健全了核应急反应机制，但是我国的海上应急机制条块分割化较为严重，核危机管理职能被多个不同部门共同承担，相互之间的联动机制不够完善，信息交流不够及时、畅通，核事故发生后的核应急实质响应演练不足，而这就为核危机发生后的应急机制的启动与作用的发挥埋下了严重的安全隐患。

5.3.4.3　海上核事故监测技术和监测网存在不足

海洋放射性监测是对海洋中的放射性核素进行监测，一般采取的步骤为：取样—制样—测量—数据分析。放射性水平的高低和采样设备的选取、采样量、采样方法和制样方法等有关。为规范我国海洋核监测管理，早在 20 世纪 70 年代末，我国海洋主管部门就相继颁发实施了多项法律规范，如《海洋污染调查暂行规范》[92]、《我国近海海洋综合调查与评价专项技术规程》[93]等。为了进一步规范海洋核监测工作，确保全国采用统一的实验室分析方法，我国于 2011 年颁布了《海洋放射性监测技术规程》。这一系列规范和规程的颁布，使得海洋放射性物质的监测要素、仪器和方法等都有了很

大的改进和提高，有效地推动了我国海洋核放射物质的监测和评价工作的进展。但是，由于科技的快速发展，检测技术的手段和技术都有了长足的进步，而目前一些先进检测方法和手段依旧未能上升至国家标准，且在应用过程中出现过一些错误或者不足等，这些问题亟待解决[94]。

5.3.4.4 海洋放射性污染物生态风险评价技术有待进一步提高

地震海啸对核电安全的影响是巨大的，如若发生严重的地震海啸危害，不仅会对滨海核电厂直接产生破坏作用，泄漏的核物质还会对海洋生物以及人类产生次生灾害影响。就目前研究而言，我国的海洋放射性污染生态风险预测和评价研究尚有很多不足，需要进一步研究。

在我国，海洋放射性污染生态风险评价主要采用的标准有：《海水水质标准》（GB 3097—1997）、《食品中放射性物质限制浓度标准》（GB 14882—94）等。这些评价标准主要是以人为核心进行辐射防护评价的，存在着评价要素少、评价方法简单等不足。以《海水水质标准》（GB 3097—1997）为例，其只要求进行海水中 ^{137}Cs、^{134}Cs、^{60}Co、^{58}Co 和 ^{106}Ru 五种核素的评价，已经不适合目前海洋环境监测与评价的要求。

随着辐射防护和环境保护以及可持续发展概念的不断发展，人类已经意识到海洋核放射性监测不能仅仅以人类为核心，过去那种保护人类也就保护了其他物种的理念开始逐渐受到质疑，人们也开始逐步关注电离辐射对非人类物种的影响。在这方面，人类进行的研究还存在不足，监测指标的选取、评价方法的建立等都需要进一步的研究与完善。

5.3.5 核电事故放射性管理所需的技术和政策法规较薄弱

日本福岛核事故发生后，我国民众曾发生过“抢盐”和“担心海产品安全”的恶性恐慌事件，成为暴露我国的核事故管理严重不足的深刻教训。这些事件的发生说明我国虽然核电事业发展迅速，但是在海洋环境放射性风险评估和技术管理、海洋核事故的应急处理及事后管理、监测技术的研究和改进以及核应急舆论宣传导向等方面的管理仍旧比较薄弱，而这些管理方面的不足，也是造成公众恐慌、核安全管理可信度低的主要因素。

5.4 我国滨海核电地震海啸管理的研究

5.4.1 加强地震海啸基础理论的研究

对滨海核电而言，地震海啸对其安全运行具有重大的威胁。在实际研究中，基于可靠的数学模型，采用数值模拟的方法可以很好地研究海啸的生成、传播和爬高阶段的水动力学特征，其结果可以为海岸带防灾减灾研究提供科学依据。

在模拟计算中，各种震源参数的设置是数值模拟的基础，对数值模拟的精确程度起着极为重要的作用。通过对地震断裂运动的研究，可以得到断裂地点、断裂方向等一系列的断裂参数，将参数带入概化模型中进行一系列的推导，便可达到合理的海底错位位移。因此，在实际研究中，应当增强对地震断裂运动和概化模型的研究，以期提供更为精准的震源参数。

现有的模型，在计算海底运动激发海啸初始阶段的运动时，都采取了较大程度的试算，这将对最终计算结果产生较大的影响。因此，在现有的研究中，应该多采用实验研究的手段，探明海底运动激发海啸长波的规律，为研究海底运动激发波浪的研究提供科学的实验数据。

海啸的传播并不是孤立波的形式，而是一个大波峰和一个大波谷的组成，称为“啸”型，对于该种形状海啸波的形成机制，还需要进行更加深入的研究和探讨。同时，海啸在向近岸传播的过程中，会存在突然加速的现象，因此，有必要加强海啸波爬高的水动力学特性和运动机理的研究，合理解释海啸靠近海岸线时的特殊现象，为海啸预警和检测提供科学的依据。

当然，地震海啸的基础研究不仅仅包含上述几点，只有加强地震海啸的基础研究，才能全面了解地震海啸对滨海地区、滨海核电等的威胁和破坏，从而做好监测、预警和防护工作，减少地震海啸产生的危害。

5.4.2 完善地震海啸监测网的建立，优化我国海啸预警系统

监测是观测地震及海啸的必要措施，也是进行科学研究的基础。目前美国使用的方法是在太平洋沿海大量布设海底压力计与浮标，将压力换算为海啸波高。当 1.5 个海啸波经过后，即可计算出海啸方向、速度与规模，并考虑

是否发布海啸警报。

在我国，监测站的设立必须结合我国海洋和海岸带的具体情况。美国地质调查局（USGS）提供的潜在海啸地震断裂带风险图显示，我国南海东北侧附近的马尼拉海沟属地震海啸的高危风险区域。地质构造分析表明，马尼拉海沟俯冲带不同于其他低应力俯冲带，一旦这里被触发形成海底地震，其引起的海啸将会对我国海南、广东、福建和台湾沿海产生威胁。此外，冲绳海槽（位于东海的东南侧、琉球海沟和琉球火山弧西侧）具有高热流值、强地震活动、火山活动、张性断层作用、快速沉降等特点，属中等风险区域。因此，我国应该针对这些区域进行重点监测，主要是通过布设海啸监测站点的方式，可以考虑在这些海域的海岛上设立监测站，以及在海域范围内设立固定点的浮标监测站，同时对现存的海洋监测点进行技术和仪器设备的升级，进一步提升地震海啸的监测能力。

但就具体区域而言，我国南海地区并不适合采用压力计浮标的监测手段，主要是因为压力计浮标反应速度较慢。当压力计感应到海啸波时，必须区分此讯号的来源，即排除生物干扰、台风和潮汐等作用，这个过程通常需要至少一个海啸波经过才能减少误判。虽然一个海啸波的周期通常在30 min以上，然而，有研究认为，南中国海若发生地震，其海啸波将在13 min内就会抵达台湾沿岸，30 min就能抵达广东近岸。所以，海底压力计并不适合在南海使用。

相对于海底压力计，地震监测则迅速得多。通过各地地震仪的布设与区域连线，当地震发生后，可在极短的时间内准确定位出地震发生地点与规模。因此，在海啸的实际监测中，不仅需要布设海啸监测浮标，用于外海海啸的监测，也要和地震观测系统相连接，组建海啸—地震同步观测网。同时由于海洋广袤的特性，一个国家的能力毕竟有限，因此我国的海啸监测系统应和国际接轨，借助国际观测成果，形成国内—国际联合观测网，这也是今后地震海啸观测网构建的方向及思路。

就核事故监测体系建设而言，我国的海上应急监测网络建设也还处于规划发展阶段，其发展还要向欧美、日韩等发达国家借鉴和学习。根据发达国家现有的经验，我国可以通过在海上放置固定的浮标、在周边岛屿上建设陆基监测系统以及在海上巡查船上放置核监测仪器等方法进行数据的采集和监测，将采集的数据用无线电、卫星和互联网进行数据交换，组成一个实时的在线连续监测系统，以达到对海洋中的放射性物质和放射现象进行连续在线测量的目标。同时该系统的建立与启用可对我国海域周边众多滨海核电站进行长期监测，在核泄漏发生时能够第一时间发现并及时上报，有助于相关部门做出及时反应并采取必要措施。

5.4.3　加强地震海啸次生灾害模拟预测研究

地震海啸发生后，不仅会对核电设施以及周边建筑产生一次性的严重影响，还会在很长一段时间内带来次生灾害影响。虽然我国当前并未有地震海啸的发生，但是做好次生灾害模拟预报工作对于加强我国滨海核电外部海洋环境管理中的地震海啸管理意义重大。

做好地震海啸次生灾害研究，需要多学科知识技术相融合，主要包括生态学、经济学、物理海洋学、核放射相关专业等，从不同学科角度可全面研究地震海啸可能带来的次生灾害影响。因此，国家可在今后的研究管理中，注重建立多学科交叉的次生灾害预报模拟，为滨海核电外部海洋环境的安全管理发展奠定基础。

5.4.4　加强海洋放射性管理技术研究和政策法规建设

我国核电事业发展迅速，但在相关领域诸如海洋环境放射性风险评估、技术管理、海洋核事故应急处理、事故后处理、监测技术的研究及核应急舆论宣传导向等方面依然相对薄弱，远远滞后于核电项目的发展规模。鉴于福岛核事故的教训，我们要全面加强核电安全管理工作，加快建设核电安全标准法规体系，提高我国核事故应急管理和响应的能力，强化核电安全的社会监督和舆论监督工作。

对此，我国需要大力发展海洋放射性管理所需的技术方法和政策法规的研究，作为海洋管理部门监管海洋放射性污染时的科学决策依据和技术支撑，这不仅有利于海洋核应急方案的有效实施，提升海洋核应急反应及处理能力，更加有利于做好充分的海洋核应急准备及提升应急启动速率。此外，该措施的发展和完善可将核事故突发事件对公众和环境的危害及公众的“核恐慌”降至最低程度。

海上核应急法律法规和核应急处理预案是做好核应急工作的支持与保障，开展海洋放射性管理所需的技术和政策法规研究，可不断健全和完善我国法律法规建设和环境监测方案，使海上核应急工作得到技术支持和制度保障，为海洋管理部门在监管海洋放射性污染时提供科学决策依据和技术支撑。

5.4.5 完善海啸核事故应急监测与评价体系

在核事故应急预案中，应该明确各级海洋行政主管部门的职责。海洋行政管理部门应当明确指定海洋环境监测机构承担辖区内的海洋核事故和辐射事故应急监测工作，适当增加核辐射应急监测基地或监测站等海洋放射性应急监测机构数量及其职责，适时增加地方海洋行政主管部门的应急机构数量，完善海洋核事故的应急响应内容和核事故应急流程，便于指导地方应急机构开展海洋核事故应急工作，进一步规范和完善地震海啸核事故应急监测。

2013年，国务院新的“三定”方针赋予重组后的国家海洋局新的职能，新海洋局可以以中国海警局的名义开展海上维权执法活动[95]。此举将有效推进海上统一执法，提高执法效率，破解我国“九龙治海”的海洋管理乱局，更有助于健全包括核应急在内的海洋应急反应机制，对探讨建立“国家海洋局—海区分局—沿海各省海洋主管部门”模式的海洋核事故应急体系具有积极的推动作用。在今后的工作中，我国应积极建立与完善海洋核事故应急的协调机制，促进海洋应急监测工作的顺利开展和完善。

5.4.6 及时发布核放射物质预报工作，消除核恐惧

福岛核事故发生后，我国出现“抢盐”热潮，这就从侧面反映出我国核污染扩散信息公开工作的不足。核污染物质的输运主要靠海流的带动，要想做好核物质的预报工作，就要充分了解我国近岸海流的特征。

中国近海的海流，可分为两大系统，即外来洋流系统、黑潮暖流主干及其分支，近海就地形成的海流系统，包括各种沿岸流和季风漂流。渤海、黄海和东海的海流，在很大程度上受黑潮暖流系统的控制，冬、夏季的环流形式变化较小。南海的海流主要受季风的影响，形成季风漂流，冬、夏季的环流形式迥然不同。而沿岸流则是在我国沿岸海域，由河水和海水混合形成的冲淡水性质的海流。

黄海和渤海是潮流强盛的海区，海流相对较弱。这两个海区的海流系统主要由黄海暖流及黄海沿岸流组成。黄海暖流经黄海中部北上，主支在北黄海，折向西经渤海海峡的老铁山水道进入渤海。黄海沿岸流是一支流经山东和江苏沿岸的盐度较低的海流，自渤海湾起，沿山东半岛北岸向东直达成山

角(时称鲁北沿岸流),绕过成山角后进入黄海南部,到达苏北沿岸,并能越过长江浅滩侵入东海。

台湾暖流在我国台湾东北海面从黑潮主干分出后,沿东经 123° 左右流经东海大陆架西部,对该区的水文状况影响很大。台湾暖流表层受季风作用影响,夏强冬弱,其中层和深层流向稳定,终年向北,前锋在长江口外与黄海沿岸流混合。

东海沿岸流主要来自长江的冲淡水,其路径随季节变化。夏季强大的冲淡水向东北直指济州岛方向流去;冬季,东海沿岸流在北风吹刮下紧贴浙闽近岸向南流动,穿过台湾海峡流向南海。此时它与台湾暖流毗邻而反向,二者界限分明。

由此可见,渤、黄、东海的海洋环流,是黑潮系统与各沿岸流共同构成的。它们联系紧密,并随着季节变化而调整平衡。

南海环流的最大特点是夏冬两季的流向截然相反。南海海域辽阔,盛行季风,由于季风方向同南海纵轴基本一致,因而对于漂流的发展特别有利。自海面至约 200 m 深的水层,海流的路径和强度均随季节而变。夏季,受西南季风影响,南海东北漂流(即西南季风漂流)流向东北,主流出巴士海峡汇入黑潮,另一股经台湾海峡进入东海。此时,补偿流来自苏禄海和爪哇海。冬季,在东北季风影响下,一部分黑潮水从巴士海峡进入南海,同来自台湾海峡的东海沿岸流以及广东沿岸流汇合南下,构成西南漂流(即东北季风漂流),并最终将大部分海水输入爪哇海。

了解我国近海海流并做出逐日预报,是保证核电厂环境安全的重要举措之一。因为如果一旦出现核泄漏事故,那么以近海海流逐日预报数据为基础,可比较准确地分析出核物质泄漏后的扩散路径,以便有重点地采取控制措施,避免造成大范围的、过度的公众核恐慌情绪,给经济和社会发展造成负面影响。

5.5 小　结

本章对滨海核电地震海啸安全管理进行了研究,首先梳理了地震海啸的概况,对福岛核事故进行了回顾,阐述了核事故产生的负面影响,指出地震海啸对滨海核电站安全运行的重要影响。

通过对现有研究成果进行梳理，认为我国东南沿海地区遭受地震海啸侵害的概率最大，北方海域概率较小，南海东北部的琉球海沟地区潜在的威胁最大。我国不仅有可能遭受近海地震海啸的影响，外海地震海啸同样也会对我国沿海地区产生影响。

我国滨海核电地震海啸管理虽然在逐步发展的过程中，但是进展速度明显跟不上核电企业安全发展的步伐，现阶段还存在一些问题，主要包括基础研究不足、预警系统建设不完备、核事故应急监测与评价体系不完善、核电事故放射性管理所需的技术和政策法规还比较薄弱以及地震海啸次生灾害的预警和评价研究不足等五个方面。

针对上述问题，研究认为我国应该从地震海啸生成机制、数值模式完善等方面加强地震海啸的基础理论研究，逐步完善我国地震海啸监测网，做好我国海啸预警系统，并在次生灾害预报方面加强研究与探讨。在此基础上针对滨海核电核泄漏事件，指出应加强海洋放射性管理所需的技术和政策法规建设，完善海啸核事故应急监测体系，及时发布核放射物质预报工作，消除民众核恐慌。

第 6 章　滨海核电站外部海洋环境后评估管理的研究

6.1 滨海核电的外部海洋环境后评估理论

6.1.1　滨海核电的外部海洋环境后评估概述

后评估（Post Project Evaluation）管理，从表面意思来看就是对评价结果的后验证，具体定义是指对现阶段处于基本完成的规划或项目进行客观系统分析，分析内容有项目或者规划的目的、执行过程等。通过后评估管理工作，可以对已经做完的项目或者规划进行总结和梳理，以此来确定预期目标是否完成及是否合理，检验其重要指标是否能达到要求，通过实践分析以及及时有效的信息反馈，总结经验，查找问题，进而对所评规划或建设目标给出整改措施及参考建议，通过这种途径，促进运行效益的提升，同时也对未来规划或者项目的决策提出有效的建议和积累先进经验。

滨海核电站的外部海洋环境管理后评估，是指对于已经建设完成并通过评审验收，且已经正常运行的滨海核电建设项目，采用滨海核电站建设和运营中获取的外部海洋环境数据来进行评估。通过建设前对滨海核电的外部海洋环境的评价与实际监测数据的对比、分析和校正，找出评价得失的原因，认真归纳总结，不断修正和改进滨海核电外部海洋环境安全系数，以此来确保核电运行的安全性、科学性和合理性。

根据评估内容与评估范围划分，滨海核电海洋环境管理后评估可以分为：全过程评估、阶段性评估或专题评估。对滨海核电外部海洋环境的后评估而言，以专项评估为主，例如设计基准洪水位的复核、核电废液排放的影响监测和评价等。

6.1.2 滨海核电外部海洋环境后评估的意义

滨海核电的建设和运行，因其独特性，安全要求更为严格。因此，开展外部海洋环境的后评估工作具有客观的现实必要性，对滨海核电选址、建设和运营等具有指导性和安全保证性，有利于提升新上滨海核电项目外部海洋环境评估的准确性，滨海核电外部海洋环境的后评估，是一个不断总结经验、吸取教训的提高过程。具体而言，可以从下列五个方面进行论述。

6.1.2.1 有助于提高核电的管理能力和安全水平

滨海核电外部海洋环境后评估的主要工作内容就是客观评估预期效果与实际效果之间的差别，在比对的基础上进一步分析：如对比结果相差无几，则证明在滨海核电的前期工作中，预期成果与实际相符；如若偏差较大，就要对各环节进行认真剖析，查找偏差原因，在分析研究的基础上对滨海核电安全运行的安全性进行评价，并给出提高核电安全的合理建议和措施，力保核电安全的运行。在后评估中，结合滨海核电可行性研究及核电实施运营管理中的经验教训，分析总结，并将结论反馈到新建核电厂的可行性研究工作和安全管理中，可为滨海核电项目的决策者和实施者提供更加科学合理的实践经验和参考价值，提高决策和实施者的决策水平和实施能力。后评估不仅可以提升现有滨海核电的安全管理，也可以提高前期可行性研究的准确性，增强滨海核电外部海洋环境预测的精确性。后评估反馈的信息，可以用来及时纠正滨海核电外部海洋环境安全管理中含有的安全隐患，进一步规范滨海核电安全管理，提供更有力的安全保障。

6.1.2.2 提高滨海核电决策的科学化水平

滨海核电项目的建设，需要经过科学论证，前期的可行性研究是必不可少的，也就是前评估过程。前评估获取的评估结果，将为滨海核电的厂址选取、建设等决策提供科学的依据。对后评估而言，其存在的目的就是为了提高滨海核电在建设期和运行期的安全，这主要是通过不断的监测和分析来发现问题、解决问题而进行的。滨海核电厂自建成之后，虽然从现实角度来讲已经无法更改，但是通过后评估可以发现前评估中没有发现的问题或者纠正一些认识上的错误。根据这些认识，我们可以对决策中出现的失误和经验教训进行分析总结，并根据总结结果对下一步的决策和管理等程序进行偏差矫正，从而全面提高核电管理者在决策方面的水平和能力，为下一步科学决策提供有力的技术支撑，同时也为核电的安全运行和持续发展奠定科学的决策支撑。

6.1.2.3 减少滨海核电对外部海洋环境的负面影响

滨海核电的外部海洋环境后评估工作是对滨海核电所受的外部海洋环境影响以及对海洋环境的影响做出的必要评估。根据评估结果，及时调整管理办法或采取相应的措施，力争使滨海核电安全运行而不受外部海洋环境的影响，同时将滨海核电对外部海洋环境的影响降低到最小，例如周边群众的核恐慌情绪、海水热效应的生态环境影响以及核电站海啸威胁等。滨海核电外部海洋环境的后评估是以减少滨海核电可能遭受的海洋环境异常事件或者滨海核电对海洋环境造成负面影响为出发点的，虽然上述工作在其前评估中也有涉及，但都局限于预测数据，是没有经过实践验证的，并不能代表和反映真正的实际状况，而后评估管理则是根据实测数据完成的，可以近乎真实地反映滨海核电对外部海洋环境实际产生的影响以及实际受到的影响，更加符合现实状况，具有客观的现实意义，这对消除或降低滨海核电对外部海洋环境的负面影响是有积极的促进作用的，同时也为滨海核电站不受外部海洋环境异常事件的威胁提供有力的安全保障，有助于创造滨海核电和外部海洋环境和谐共赢、健康稳定的发展局面。

6.1.2.4 生态文明建设和可持续发展的内在要求

滨海核电的外部海洋环境后评估在核电安全管理工作中是必要的，它的存在是对前评估结果进行实践检验，通过对滨海核电设计基准洪水位、地震海啸、排放废液影响等进行仔细的检测和分析，肯定正确，否定错误，从中找出滨海核电外部海洋环境管理中存在的缺陷和软肋，有效地帮助决策者改进管理方式和做出科学决策，使核电在安全管理、成本管理和运营管理等方面都有所提高，为滨海核电的可持续发展提供有力的保障。因此可以说，后评估是核电可持续发展的内在要求，这就需要国家相关部门和核电企业切实制定详细的后评估方案和流程，从而保证滨海核电健康、稳定、安全和可持续发展，这是践行科学发展观、推进生态文明建设的内在要求。

6.1.2.5 为今后核产业的发展提供高效、科学的决策依据

滨海核电的外部海洋环境后评估工作，是基于实测数据进行的。实测数据的获取及分析，可以为滨海核电的安全管理技术提供真实的参数选择，提高预测结果的准确性和精确性，提高滨海核电的安全系数和科学的管理。同时，后评估工作可为前评估工作提供真实的参考依据及技术支撑，从而协助决策者科学、高效地做出决策。再者，我国在核安全管理方面的基础数据积累较少，每个滨海核电在建设前都进行了大量的重复性工作，且采用的技术、方法并不统一，而后评估的建立和完善，将逐渐丰富我国滨海核电的基础数据库，为核电选址、防洪设计、防震防海啸设计等的数值模拟、物理模型计算提供真实可靠的参数选择，亦可根据数据统计结果和分析，逐步规范我国滨海核电外部海洋环境安全管理的技术和流程，节约时间和成本，促进滨海核电高效有序地发展。

6.1.3 滨海核电外部海洋环境后评估管理原则

滨海核电的外部海洋环境后评估并不是随意进行的，必须在一定的原则指导下才可以达到后评估预期效果。一般而言，滨海核电外部海洋环境安全管理后评估遵循的原则为：独立性原则、透明性原则、科学性原则、可信性原则、实用性原则、反馈性原则以及可持续性原则，分别阐述如下。

6.1.3.1 评估机构的独立性原则

外部海洋环境管理后评估工作应该由独立机构进行，这样可在后评估过程中不受滨海核电实际管理者、核电政策的制定者、核电企业管理的执行者和前评估人员的干扰。在实际后评估过程中，如果缺乏独立性，或后评估工作受到干扰，那么后评估的结果就缺乏可信性和科学性，结果也就不具备参考性。鉴于这个原因，这就要求管理部门在进行后评估工作时，要综合考虑评估机构、评估人员和评估管理等工作部署，切实保证后评估的独立性和真实有效性。

6.1.3.2 透明性原则

为确保后评估的科学性和客观性，透明性是其前提条件之一。透明性的首要条件就是要求后评估工作始终置于监督之下，也就是说后评估的立项过程、招标过程、进展情况以及评估结果必须都置于监督之下。外部海洋环境

安全管理后评估的公开透明，可以让更多层面的人包括民众参与到后评估监督工作中来，促使后评估的各项工作可以做到公平、公正和客观。

6.1.3.3　科学性原则

滨海核电的外部海洋环境后评估工作是建立在获取大量数据基础上的，这就要求在评估过程中尽可能多地获取全面、翔实的数据资料。因此，这就需要在后评估中进行全面、详细的监测，并在数据可信度得到保证的情况下，建立资料信息库。对后评估人员而言，首先应该保证其专业性，即评估人员必须具备评估专项的专业能力，再者必须要求评估人员具有相关工作阅历和经验，可以熟练、准确地按照后评估流程进行后评估工作。对后评估的结论而言，应该注重整体评价结果的科学性和客观性，针对后评估发现的问题需要进行原因分析，并根据分析结果给出科学的具有可操作性的改进意见。

简言之，后评估是建立在科学性和客观性之上的，所得的结论和经验教训以及改进措施等是基于科学研究得来的，经得起实践检验和时间的推敲，这将对核电产业的健康发展具有建设性意义。

6.1.3.4　可信性原则

滨海核电的外部海洋环境后评估结果必须具备可信性。可信性来源于后评估人员的技术水平和素质，取决于采用的后评估方法的精确性和先进性，更取决于评估过程的公开度和透明度，以及评估过程中所用资料信息的可靠性和真实性。后评估人员必须由精通相关专业知识、实际工作经验丰富的人员组成，后评估人员还应熟悉滨海核电外部海洋环境安全管理的各阶段和全过程的知识要点以及安全准则，并经过后评估的专业培训。后评估的进行还需要实测数据的支持，这就要求后评估人员应深入前线，对被评估的项目本身及其各种条件做周密的调查和研究，全面系统地掌握可靠和充足的信息与资料，使用具有可操作性和先进性的方法进行资料分析和科学评估。在评估过程中，始终坚持科学性，保证程序规范合理，分析客观公正，切实提高后评估的可信度。

6.1.3.5　实用性原则

滨海核电外部海洋环境的后评估工作不仅仅针对单个要素，而是对多要素的评估，这就需要对几个方面进行综合衡量，不能过分地强调外部海洋环境中的某个部分而忽略其他。后评估的内容和侧重点应该以实际情况为基础，针对具体问题和实际情况，有针对性地做出分析评价并提出整改建议，而且给出的建议措施应该具备可操作性和可借鉴性，不能脱离实际难以落地。

6.1.3.6 反馈性原则

前评估工作仅是对可能性进行预判断并进行优化设计方案，后评估和前评估不同，它具有反馈性，可根据后评估结果向决策部门反馈信息，及时调整核电安全的管理决策和流程等。在后评估工作中，反馈机制的完善、采用的技术手段和方法也是重要内容之一，对后评估效果有着一定影响。

6.1.3.7 长期性和可持续性原则

后评估管理工作的重点之一即是对核电厂运行后的实际情况进行各个方面持续的观测和监管，因为进行长期的、持续性的观测方能真实地体现核电厂运行过程中对周边环境的影响，据此可科学地调整环保措施、改进环保技术手段，将核电厂运行所产生的危害降至最低。

6.1.4 滨海核电的外部海洋环境后评估方法

在滨海核电的外部海洋环境后评估管理中，一般采用定量分析和定性分析相结合的分析法，目前常采用的方法主要为对比分析法。对比分析法是指采用对比的方法比较预测和实际之间的差别，根据对比结果找到偏差所在，并重点分析产生偏差的原因，根据分析研究，给出今后管理或决策等应采取的措施，为核电的安全发展提供技术支撑和理论依据。对比分析法又可分为前后对比法和有无对比法。

前后对比法具体是指将滨海核电外部海洋环境前期预计遭受的海洋环境影响以及对海洋环境的影响（即项目可行性研究与前评估阶段所预测的外部海洋环境对滨海核电的影响）与滨海核电建成投产运营一段时间后的实际情况相对比，重新测定滨海核电厂实际受外部海洋环境（海啸、地震、设计基准洪水位）的影响，评价外部海洋环境对滨海核电的安全影响，找出存在的偏差并分析原因，从而提出解决措施，以及为今后滨海核电新建项目决策提供参考。

有无对比法是将核电建成前后的相关安全要素进行对比，通过实测数据、数值模拟等手段，获取电厂建设之后的相关参数，度量出滨海核电建设及运行后对海洋环境的实际影响和作用(主要是指排放废液的影响)。由于滨海核电所在地区的排放废液影响不单单是排放废液本身所带来的作用和影响,还有排放废液以外的其他相关因素如流场等的作用,因此,有无对比法对比的重点是分清这种影响中项目本身所产生作用和项目以外衍生的作用,以此评价项目产生环境影响以及经济影响等。

6.2 滨海核电外部海洋环境安全后评估的不足之处

6.2.1 滨海核电海洋监测站建设和运行的不足

滨海核电因其特殊性和重要性,必须加强对核电周边海域海洋环境相关要素的测量。滨海核电外部海洋环境要素包括水温、水位、波浪、地震、海啸、盐度、余氯、放射性物质等,现有的海洋环境监测站并不能很好地满足滨海核电外部海洋环境要素的监测,因此,核电站的建设应该相应地建设与上述要素配套的观测站。

在后评估实践操作中,需要对监测站的建设和运营情况进行调查和评估。我国目前的滨海核电监测模式多采取的是厂方负责制,这就造成了监测能力的不足、监测结果可信度低的问题。在我国,海洋环境监测的建设资金来源于三种途径:政府财政拨款、业务性收入和企业支持。我国虽然每年支出很多经费来进行海洋环境监测,但是由于我国海域辽阔,海岸线漫长,因此政府支出经费建设的海洋环境监测站不足以覆盖全海域,尤其在偏远海域或者监测要素要求较高的海区,其监测更是相对薄弱。同时,海洋环境监测站的运行以及监测人员的专业背景和素质也有很大的影响,这就要求监测站必须配备相应的专业人员进行保障。

当下我国在海洋监测方面,还存在监测站总体数量较少、分布不均的缺点,同时监测站人员专业背景各异,有些并非海洋类或环境类专业,这些都将限制滨海核电的海洋环境的监测。

6.2.2 设计基准洪水位的后评估存在的不足

滨海核电厂的防洪安全是国内外广泛关注的重要研究课题之一。国际原子能机构(IAEA)颁布的核电厂防洪设计导则,美国核能管理委员会

(NRC)颁布的防洪设计标准以及我国核安全局颁布的核安全导则均对滨海核电厂址设计基准洪水计算分析工作提出了具体要求,是我国滨海核电厂防洪设计参照的主要标准规范。

在福岛核事故发生之后,根据我国现行核安全法规和国际原子能机构最新标准,借鉴日本福岛核事故经验教训,我国核管理部门开始启动核电站的综合安全检查工作,在此过程中发现秦山核电站设计基准洪水位存在偏小的问题。秦山核电厂厂址标高定为5 m,在国家核安全局开展追溯性安全审评后,该厂按照9.51 m的设计基准洪水位,加高防洪堤,同时在堤顶设置挡浪墙,总标高达到9.7 m～9.9 m。但是根据杭州湾目前的围垦状况以及今后20年的围垦规划可能引起的岸形和水深变化等因素评估,围垦规划实施完成后,厂址的设计基准洪水位为10.01 m。根据这一新的结论,该厂的现有防洪措施将难以应对此极端情况。

我国目前设计基准洪水位后评估存在相关要素的伪相关性缺点,这就要求在今后的复核中,要注重复核方法和复核要素的研究,消除伪相关性。

6.2.3 滨海核电地震海啸后评估的不足

2011年3月11日发生在日本福岛的里氏9.0级超强地震,引发了人类历史上第三次重大核灾难。地震灾害对核电站安全性的影响再次被全世界所关注。核事故发生之后,各主要核电国家均展开了本国核安全的评估工作。这就属于地震海啸的后评估管理内容。在地震海啸后评估工作中,主要是进行地震海啸内容发生概率的评估、现有地震海啸评估体系合理与否的评估与核设施抗击地震海啸打击的能力评估等内容。

福岛事故发生后,欧盟委员会委托欧洲核安全监管组织(European Nuclear Safety Regulator-group,简称"opean",在欧盟范围内开展核电厂安全评估,也称为"压力测试",意图"重新评估核电厂是否能承受自然灾害、人为失误或恶意行为所带来的影响"。评估结果给各国的核电设施安全以及核安全管理提出相关建议。

美国也针对日本福岛事件对本国核设施进行了安全评估,对美国可能遭受的地震海啸危害进行更加细致的分析,在此基础上,要求各核电站对在运反应堆抗震和防洪结构、系统和部件设计基准进行必要的重估和升级,并每隔10年重新确认一次设计基准。

针对福岛核电事故,我国也进行了地震海啸的评估工作,针对我国现有的滨海核电地震海啸预测、评价和管理体系进行了全面的评估分析，力求保证我国滨海核电的安全运行。在对全国在运核电机组以及在建机组进行评估的过程中，主要进行了核设施抗震预案和现场抗震能力的评估、多种极端自然事件叠加事故的预防和环境保护措施评估、全厂断电事故的分析评估及应急预案、严重事故预防和缓解措施及其可靠性评估、环境监测体系和应急体系有效性评估等方面的评估。检查主要通过方案评估、文件审查、各核设施安全自查、技术交流、现场勘察、查阅文件记录和结果评估等方式开展。评估结果显示，我国现有的核电厂在选址过程中对地震、海啸等外部事件进行了充分论证，发生类似福岛核电事故的极端自然事件的可能性极小。我国沿海地区可能产生地震海啸威胁的主要来源是马尼拉海沟，保守假设马尼拉海沟可能发生的最大地震为 8. 8 级，其引发的海啸影响对象是广东沿岸的核电厂，大亚湾核电厂附近海域最大海啸离岸高度约为 2. 7 m，针对这一海啸评估结果，经初步复核，结论是海啸增水高度较小，影响可控。目前正在开展更为深入的海啸分析和论证。除大面评估之外，也可进行单独评估。例如福建宁德核电站，该电站在福建省北部，紧邻东海和台湾海峡。历史上在台湾海峡、台湾岛东北、琉球海沟都发生过地震海啸。限于历史数据的缺乏和验潮站分布现状，没有搜集到福建宁德的观测记录。但是发生在上述地区的潜在地震海啸威胁对福建宁德的影响不可忽视。日本福岛地震期间，福建东山监测站测得 8 cm 海啸波幅，三沙监测到 23 cm 海啸波幅，平潭和台山监测到 10 cm 海啸波幅。在此背景下，宁德展开了地震海啸危害评估工作。评估工作指出，宁德核电附近存在的三个潜在地震海啸源（福建泉州海外断裂、台湾海峡南缘断裂和台湾基隆东北断裂）将会对该电站的正常运行产生威胁，如若发生地震海啸，将会在很快的时间传播至核电厂区，这就需要电厂做好防震抗灾的准备，从地震监测、防洪措施、抗震等级管理以及人员培训和防灾演练等方面做好万全的准备。

在地震海啸后评估中，存在如下问题。

（1）地震海啸后评估体系建设不完全。就目前情况而下，我国地震海啸后评估体系建设并不完全，国家至今未形成滨海核电的后评估体系以及后评估方法，同时政策条例上也未对地震海啸后评估形成明文规定。

（2）地震海啸后评估方法存在不足。我国的地震海啸后评估手段和方法基本沿用国外的一套，没有根据我国国情建立自己的后评估方法。

6.2.4 排放废液的后评估管理不足

由前文分析可知，核电的运行伴随着大量的废液排放。核电废液具有高温、高盐、含氯、含有化学物质以及低放射性的特点，这就会对海洋周边环境以及电厂本身的运行产生危害。

在废液排放的后评估管理中，为切实探明排放废液的扩散情况以及对海洋环境的影响，就需要进行相关要素的观测。核电温排水一般以设置观测站或者临时观测为主，随着遥感技术的发展，航空遥感和卫星遥感也越来越多地应用到核电温升影响的研究和观测中；对于低放废液的后评估而言，多在排放口附近海域设置放射性自动监测装置，而高盐水以及化学物质的监测也通过自动采样系统进行。

一般而言，排放废液自动采样系统可自动定量连续地采集核电站运行期间任一时间段排入废液样品，并提供给实验室进行不同项目的检测分析。通过分析评估，对废液的影响和预测范围进行修正和评价，最终根据结果进行管理政策的调整，这便是后评估存在的意义。

在现实中，我国滨海核电排废液体后评估管理工作还存在以下问题。

（1）排废液体后评估总体处于无序状态，未形成体系化。我国的排废液体后评估工作的开展并非根据现有规章流程展开的，是在问题出现以及可能出现的情况下被动进行的，这就为滨海核电安全运行埋下了隐患，不能及时掌握现状以及调整管理和运营措施。

（2）排废液体后评估工作不具有前瞻性。我国的滨海核电排废液体后评估工作，对排废液体与近海海域环境功能区、海域使用论证等关系分析不足，造成核电发展与国家相关法律规章不相符，为后期的运行埋下隐患。同时现有工作中对海洋生态环境影响评估尤其是低放废液对海洋生态环境的影响评价具有滞后性，不能全面评价低放液体对生物的影响。

（3）排废液体的后评估管理工作存在不全面性。在滨海核电排废液体的后评估工作中，重点是温排水、低放废液以及化学物质的后评估，对于高盐水的影响和评价涉及较少。

6.2.5 核事故应急体系的后评估管理的不足

我国自切尔诺比利核事故之后便开展了核应急工作，至今已有约 30 年的历史。随着我国核电事业的发展，核应急工作不断发展，获得了丰富的经验。在我国核应急管理中，国务院设立国家核事故应急协调委员会，核电厂所在省（自治区、直辖市）人民政府设立地方核事故应急委员会，核电厂营运单位设立应急指挥部，三者分别负责全国、本地区和本单位的核事故应急管理工作。

在核事故发生之后，核事故应急后评估应根据辐射源项的资料及气象数据进行放射性物质空气中扩散情况、民众可能受到的辐射剂量以及对周边环境的影响的模拟预测评估。就目前我国的核应急后评估而言，还存在如下不足。

（1）核应急事故预案不完备。核电站发生事故之后，最终后果和影响很大程度上取决于事故初期采取的应对方案，及时正确的核事故应对措施有助于以较小的代价将核事故的危害和影响降低到最小。福岛核事故发生时日本政府和东电公司如有明确的应急预案，或及时接受国际有关组织和专家建议，果断采取给反应堆注入海水进行冷却的应急方法，即使反应堆由此报废，企业受到一些损失，也不会造成现在这样巨大的社会和环境影响并付出高达数万亿日元的高昂代价，不会让世界核电复苏遭遇到如此重大的挫折，更不会严重迟滞日本的社会发展和重创日本的经济复苏。因此，在设计和建造之日，核电站就要高度重视核事故的应对机制建立，科学地制定好灾难应急方案并将其摆在重要位置、落实到实处，有效实施危机管理；处理核事故时要有高度的社会责任感，坚持以企业之外的社会整体利益为重，及时采取应对措施，不抱有任何侥幸心理，尽一切努力减少核危机对社会的危害和民众的影响。

（2）核应急专业人员素质和技能不足。核应急事故的处理，需要专业人员的素养和技术来应对，当下我国这方面和发达国家之间还存在不少差距。

（3）核应急事故沟通不完善。我国的核应急事故处理分为多级管理，一旦核事故发生，多级管理制度很有可能会造成事故处理的延滞性。

6.3 滨海核电外部海洋环境安全管理的后评估的对策

6.3.1　滨海核电海洋监测站建设和运行的对策建议

滨海核电海洋环境的监测存在站点数量不足、分布不均以及人员素质不高的特点。根据调研，本书建议我国滨海核电的海洋监测可采取如下路径。

（1）在滨海核电的实际监测中，强制要求滨海核电增加自建站的资金比例和投入总额，并将之作为核电厂建设的批准条件之一。

（2）在滨海核电的运行中，考虑和国家海洋局海洋环境监测站或环保局环境监测站联合，共用监测资源进行核电相关要素的观测，形成厂房和监测部门一体的监测体系。

（3）对监测人员素质不足的现状，建议可以采取定向招聘或者定期培训的方式进行改进。

6.3.2 设计基准洪水位后评估管理对策

为充分汲取福岛核事件的经验教训，提高核电厂的防洪安全水平，上海核工程研究设计院开展了“我国滨海核电厂抗水淹技术研究”科研课题。其中的子课题“滨海核电厂设计基准洪水概率分析研究专题”由笔者所在课题组承担。该课题在完成后，课题组对我国沿海核电的基准洪水位安全性做出评估，主要评估内容包括以下几个。

（1）我国海域极端洪水事件及伴随事件的规律，以此预测我国海域洪水位的发展规律，对现有核电厂的设计安全进行检验，也为未来建设的核电项目的设计基准洪水位进行技术和理论指导。

（2）极端洪水事件的分析方法研究。对前评估计算得到的基准洪水位计算方法的准确度和科学性进行检验，以此确保滨海核电的安全，在这个基础上继续对计算方法进行优化和改进。

（3）滨海核电的多要素耦合研究。滨海核电设计基准洪水位并不是由单个因素造成的，在后评估中，要针对不同的耦合要素进行计算，综合对比，选取比较科学和保守的计算结果作为滨海核电的防洪设计值。同时，也为今后核电项目的建设推荐最佳耦合和计算方法，节约人力和财力。通过该项目的研究，对北方石岛、南海阳西、北部湾白龙尾的“基准洪水位”做出理论评估：现在使用的“基准洪水位”设计值，其计算方法存有不足，原因是现有的基准洪水位设计值中将风暴潮和海浪作为独立变量来考虑，但在实际海水运动中，风暴潮与海浪并非毫无关联的独立变量，加之台风暴潮洪峰入海的影响也应加以考虑。

因此，在核电站的建成运行过程中，应对初始的设计基准洪水位值进行复核，观察实际的验证设计值是否符合核电厂洪水位的安全限值，以期更加有力地保障核电厂在极端水位的情况下能安全运行，不受异常洪水的威胁。

6.3.3　地震海啸后评估管理措施

地震海啸后评估对滨海核电厂的正常运行影响重大，根据我国目前评估体系不完善的情况，本书建议如下。

（1）完善我国地震海啸后评估体系。后评估工作涉及的内容较多，必须有完善的流程和规章制度进行指导和规范，从技术手段到评估报告必须都有明确的规定，形成制度化，这样才能确保后评估工作的有效性、科学性和实用性。

（2）提高地震海啸后评估技术手段。在地震海啸后评估工作中，我国的技术手段基本采用国外现有的技术手段，在地震海啸中，还有很多知识需要不断的探索和完善，因此在今后的地震海啸后评估管理中，需要侧重评价手段的评估和提升。

（3）优化地震海啸后评估管理档案管理，加强国际合作。我国滨海核电地震海啸的观测、预报以及后评估工作起步晚，技术相对落后，同时地震海啸具有全球性特征，只有加强国际合作，做好地震海啸预警及后评估的共享工作，才能确保滨海核电站的安全。

6.3.4　废液体后评估管理对策

对排废液体的后评估而言，对策可以分为以下两点。

（1）采取多种监测手段，对排放废液的排放情况进行调查，并将调查结果进行汇总整理，通过对比研究，分析核电建成后废液扩散面积和扩散规律与预测结果之间的异同，重点分析产生差异的原因，形成后评估报告，提出今后的整改建议，并对核电排放废液的安全管理和决策程序提出整改意见，形成技术整改和管理整改同步走的局面。

（2）针对后评估中获取的实测数据，认真分析总结排放废液对核电厂自身的影响，例如高盐水排放对海水淡化的成本、淡化技术和设备的影响，温排水对取水口取水难易的影响、取水后冷却效果的影响等，这都需要及时进行评估，并根据评估结果，给出相应建议。例如，如果温排水的扩散造成取水口温度过高，则可以采取建立冷却塔的形式，将温排水进行冷却后排放，从而降低影响；对化学物质而言，如若化学物质超标，则可将排废液体进行无害化处理，达标之后进行排放；对于低放废液而言，可采用吸附剂进行吸附，降低放射性影响。

总结起来，我国滨海核电排废液体后评估管理改进措施如下。

（1）完善滨海核电排废液体后评估体系。首先，从制度上明确滨海核电排废液后评估的内容、方式和管理等内容；其次，做好后评估工作的监督管理；最后，要对后评估取得的成果进行总结和反馈，从决策层的角度促进滨海核电排废液体的排放和管理。

（2）排废液体后评估工作超前性研究。我国的滨海核电排废液体后评估工作，应该加强超前性研究，这就要求管理层对后评估的内容和评价手段进行综合论证和筛选，促进滨海核电与海洋和谐发展。

6.3.5 大气环境及大气辐射的后评估建议

核电站因不断向大气排放含有放射性的气态物质，因此在核电实际运行的后评估过程中，大气环境的监测是必不可少，需要对高空风向、风速、温度以及低空风向、风速、温度、地面温度、气压、湿度、雨量等进行观测，以便科学地指导电厂在气象条件有利于排放扩散的情况下进行气态流出物的排放。

在评估中，主要是通过对厂区边界核辐射水平及周围环境核辐射水平连续监测，进行周围环境核辐射累积剂量监测以及大气飘尘、陆上生物、土壤、水质等环境介质的取样分析。如果分析结果良好，则证明核电站正常运行期间，通过气态途径释放的放射性物质未对周围环境产生任何影响。

6.3.6 对海洋环境影响的后评估建议

《海洋环境影响评价》是滨海核电建设的必要工作之一，对于通过评价的核电项目，其环境影响也是后评估的重点之一。开展后评估工作，对核电建成之后的海洋环境进行调查，主要包括自然环境、生态环境、社会环境等几个方面，将调查结果与《海洋环境影响评价》报告书进行对比，评估海洋环境影响评价的科学性和合理性。根据对比结果，采取相应的措施，完善滨海核电的海洋环境影响评价管理体系。

海洋环境后评估也对核电产业的发展有着重要作用，根据后评估结果，科学归纳总结滨海核电对海洋环境的影响，调整国家核电规划，保持经济和环境的和谐发展。

6.3.7 与海域使用面积相符性的后评估建议

滨海核电因废液的排放和冷却水的汲取等，需使用海域。在核电建设之初，将会根据模型计算结果向海洋管理部门申请用海面积，这里的用海面积主要包括废液排放影响面积以及取水用海面积等。模型评估用海面积的多少，是根据海水动力学原理，根据海洋动力条件作用下的排放废液扩散面积以及取排水口用海面积叠加而确定的。在滨海核电的实际运行中，排放废液的扩散并非如模型预测的简单，即模型并不能模拟真实的海洋环境。这就需要在核电运行后对海域使用情况进行真实的后评估，根据实际影响的海域面积决定用海面积的调整申请，这有助于海洋管理部门做好核电用海申请的审批和管理工作。

6.3.8 与近岸海域环境功能区相符性的后评估建议

滨海核电对海域环境的影响主要集中在近岸，根据国家近岸海域环境功能区划的原则和管理条例，滨海核电运行中，需要对近岸海域环境影响进行评估，确定核电的运行对近岸海域环境功能区的影响范围和影响程度。根据实际影响结果，及时调整近岸海域环境功能区的范围，并调整管理政策。正如前文论述，核电使用海域和近岸海域环境功能区划不符合的区域，需要进行充分的论证后方可进行申请调整，调整后的近岸海域环境功能区要保持持续监测和后评估，确保二者的始终一致性。

6.3.9 滨海核电核应急事故的后评估策略

结合我国现有的核事故应急管理体制及存在的问题，核事故应急后评估工作的建议如下。

（1）对现有核应急管理体制进行完善和规范。我国的核应急管理机制应该紧跟我国核电的发展现状，建设相适应的核应急管理机制。在现有体制下，目前的三级管理体制显然已和我国核电迅速发展和趋于分散的大趋势不符，应该建立四级管理体系，即国家级、省级（自治区、直辖市）、市（县）以及核运营单位级，这样才能保证核应急反应快速启动和指挥的及时性。

（2）核应急管理法规体系化、完善化。我国核电安全管理法规具有陈旧性缺点，不适应现有条件下核电安全发展的需要。随着核电技术发展和管理方式的改进，需要制定相应的法规制度对核应急工作进行指导和约束，为核安全保驾护航。

（3）调整及梳理各级核应急机构的相关职能。根据核事故后果及管理后评估结果，对各应急管理职能机构的职责进行相应调整，以确保核应急机制迅速、高效运转。坚持从实际出发，明确规范核应急管理体系各层次、各职能部门的职责、任务和要求，明确相互协同时的权利、义务和责任，保证职责清晰、责任明确、要求具体。

（4）加强国际核应急合作。日本福岛核事故让我们看到了日本在核应急管理方面存在的不足和长处，加强国际合作，有利于提高我国核应急准备工作水平和发生核事故时的应对能力，有利于快速展开核事故发生后的后评估工作。

（5）针对核应急级别，设置不同等级的核应预案、核应急演练制度。根据后评估结果，我国需设置各管理级别的核事故应急预案以及核事故应急演练演习，在预案的设置中，需要突出部门之间的协调性、衔接性和统一性，确保核应急管理迅速、高效的运行。

（6）核应急基础能力的建设。核应急基础能力建设包括技术支撑能力、应急管理人才、信息体系以及实时监测系统的建设等方面。核事故后评估以及日本福岛核电的教训都显示，我国在核安全的管理中，应该加大投入核应急关键技术的攻关力度，成立专门的核应急工作技术支持和服务机构。

6.4 小　结

本章主要对滨海外部海洋环境后评估工作进行了梳理，阐述滨海核电外部海洋环境后评估的基本理论，包括后评估的定义、意义、管理原则和评估方法等，继而阐述了我国进行滨海核电外部海洋环境后评估的主要内容，得出如下主要结论。

（1）滨海核电的外部海洋环境后评估工作是保证核电安全建设、运行和管理的必要手段之一，在后评估中采用对比方法，根据独立性原则、透明性原则、科学性原则、实用性原则等进行科学、客观、公正的评价。

（2）滨海核电外部海洋环境后评估主要内容包括海洋监测站的建设及运行、设计基准洪水位复核、地震海啸、海域使用、近岸海域环境功能区等方面。通过以上几方面的分析，本书从体制的建立与完善、管理人员的配置、技术手段的支持等方面提出建设一套完整的、科学的滨海核电后评估管理体系，确保后评估管理科学有序地开展，为核电安全的有序发展保驾护航。

第7章　总结与展望

7.1 小　结

在滨海核电建设加速发展的今天，加之世界上出现的核事故的影响，核电产业是否安全已成为焦点与热点问题。对滨海核电外部海洋环境的安全管理展开相关研究可以更好地了解滨海核电外部海洋环境安全管理现状及存在的问题，为我国滨海核电站的设计、选址、建设、运营等提供科学的、有效的管理建议，可保证滨海核电健康、稳定、安全和可持续地发展，是践行科学发展观、推进生态文明建设的内在要求。

本书首先对滨海核电外部海洋环境进行了界定，将滨海核电选址、设计、建设与运营期间与之相关的海洋环境（基准洪水位的设计、废液的排放以及地震海啸）统称为外部海洋环境，继而在该界定的基础上从海洋要素的技术管理和行政管理两个方面展开研究，得出以下几点结论。

（1）从安全防洪的管理角度对现有设计基准洪水位的计算进行评述，认为现有计算存在一定的不足，即将相关的海洋要素割裂为独立变量进行计算。为提高计算准确度，根据前期工作基础，本书引入“海水高度”的概念，认为在核电设计基准洪水位的计算中应引入海水高度的资料，以此提高基准洪水位设计值保证率的可靠性与可行度，确保核电的安全性和经济性。“海水高度”是指海水表面的高度，其一般意义是：在平均海平面之上叠加了天文潮面高度、风暴潮面高度和波浪波峰面高度及其他各种动力机制下增减水面高度的综合海面的高度。采用海水高度进行计算设计基准洪水位，更能真实反映海面的情况，有效消除了传统计算方法的伪相关性。

（2）结合现有观测资料，提出获取海水高度要素的方法——“同步高度法”。该方法有两种可选形式:“增水极值 + 同步波高”法;“波高极值 + 同步增水”法。以白龙尾和阳西核电为例,对传统方法和“同步高度法”计算得到的设计基准洪水位进行可信度分析,定量地指出新方法的可行性与科学性。因此今后在设计基准洪水位时,建议考虑采用“同步高度法”,作为设计基准洪水位复核的辅助验证手段,继而提出在今后的海洋要素观察中增加“海水高度”要素的观测及观测方法。

(3) 我国核电在排放废液管理方面虽然取得一定成果,但是还存在以下问题:滨海核电排放废液现行管理标准不完善,废液排放整体规划的欠缺,对温排水、高盐水的综合利用缺乏关注、利用率低,低放废液生态环境风险研究不足,取排水口工程设置布局不合理以及滨海核电规划与近岸海域环境功能区的不协调性等问题。因此,为达到滨海核电和海洋生态文明建设双赢的局面,本书认为我国应该从完善法规标准、排放废液污染影响的基础、污染要素的叠加影响、环保技术和工艺的鼓励支持以及完善近岸海域环境功能区管理体系等方面入手。

(4) 在核电废液的排放管理中,对于温排水的排放,本书从流速和垂直混合两方面对二维和三维计算模式进行分析对此,指出三维模式计算结果更加接近真实的温排水扩散现象,并通过实例指出在滨海核电的废液排放中,技术管理手段在进一步发展的过程中,实际监测手段也是不可或缺的管理之一。

(5) 我国滨海核电地震海啸管理虽然在逐步发展的过程中,但是速度明显跟不上核电发展的步伐,现阶段还存在一些问题,主要包括基础研究不足、预警系统建设不完备、核事故应急监测与评价体系不完善、核电事故放射性管理所需的技术和政策法规还比较薄弱以及地震海啸次生灾害的预警和评价研究不足等问题。针对上述问题,本书认为我国应该从地震海啸生成机制、数值模式完善等方面加强地震海啸的基础理论研究,逐步完善我国地震海啸监测网,做好我国海啸预警系统,并在次生灾害预报方面加强研究与探讨。在此基础上针对滨海核电核泄漏事件,指出应加强海洋放射性管理所需的技术和政策法规建设,完善海啸核事故应急监测体系,及时发布核放射物质预报工作,消除民众核恐慌。

(6) 滨海核电的外部海洋环境后评估工作是保证核电安全建设、运行和管理的必要手段之一,在后评估中可采用有无、前后对比方法,根据独立性原则、透明性原则、科学性原则、实用性原则等进行科学、客观、公正的评价。

滨海核电外部海洋环境后评估主要内容包括海洋监测站的建设及运行、设计基准洪水位的复核、地震海啸、海域使用、近岸海域环境功能区等方面的评估，本书从体制的建立与完善、管理人员的配置、技术手段的支持等方面提出建设一套完整的、科学的滨海核电后评估管理体系，确保后评估管理科学有序地开展，为核电安全有序地发展保驾护航。

7.2 展 望

核电安全是一个复杂的整体工程，涉及的方面较多，由于笔者的能力及学识所限，本书仅仅是基于笔者的专业背景及研究经历，将设计基准洪水位、地震海啸和排放废液等作为滨海核电外部海洋环境的要素展开研究，从海洋管理的角度，指出核电安全管理存在的问题，并给出建议措施。为了进一步规划滨海核电的安全管理，促进核电事业的健康、安全发展，今后还有很多的研究需要进一步开展。

（1）滨海核电站的安全是一个复杂工程，在今后的研究中可以考虑更多因素下的安全管理问题，且目前很多方面的研究仅仅限于定性研究，下一步应该深入进行定量分析研究。

（2）海水高度的历史数据耦合方法还有待于进一步论证和完善。

（3）滨海核电的安全文化也是核安全的重要领域之一，如何建设符合中国国情的核安全文化也是研究点之一。

参考文献

[1] 曹霞．美国核电安全与法律规制［J］．政法论丛，2012（1）：103-110.

[2] 马武松．日本核泄漏事件背景下的中国核电［J］．中国科技产业，2011（4）：56-58.

[3] 国家核安全局．HAD101/09．滨海核电厂厂址设计基准洪水的确定［S］．北京：中国法制出版社，1990.

[4] 国家核安全局．HAD101/05．核电厂厂址选择中的放射性物质水利弥散问题［S］．北京：中国法制出版社，1991.

[5] 国家核安全局．HAD101/06．核电厂厂址选择与水文地质的关系［S］．北京：中国法制出版社，1991.

[6] 国家核安全局．HAD101/09．滨海核电厂厂址设计基准洪水的确定［S］．北京：中国法制出版社，1990.

[7] GB 3097—1997 中华人民共和国海水水质标准［S］．北京：中国环境科学出版社，2004.

[8] 国家核安全局．HAF101．核电厂厂址选择安全规定［S］．北京：中国法制出版社，1991.

[9] 国家核安全局．HAD101/09．滨海核电厂厂址设计基准洪水的确定［S］．北京：中国法制出版社，1990.

[10] 张爱玲．对滨海核电厂防洪评价中海啸影响的一些认识［J］．核安全，2008（4）：28-32.

[11] 国家核安全局．HAF101．核电厂厂址选择安全规定［S］．北京：中国法制出版社，1991.

[12] 国家核安全局．HAD101/09．滨海核电厂厂址设计基准洪水的确定［S］．北京：中国法制出版社，1990.

[13] 冯士筰，李凤岐，李少菁．海洋科学导论［M］．北京：高等教育出版社，1999.

[14] 冯士筰，李凤岐，李少菁．海洋科学导论［M］．北京：高等教育出版社，1999.

[15] 国家核安全局．HAD101/09. 滨海核电厂厂址设计基准洪水的确定［S］．北京：中国法制出版社，1990.

[16] 沈强．20世纪全球海平面年代际间变率及区域特征［J］．武汉大学学报：信息科学版，2009，34（4）：454-457.

[17] 张爱玲．在滨海核电厂设计基准洪水位确定中的风暴潮评价［J］．海洋预报，2005，22（4）：60-65.

[18] 张爱玲．在滨海核电厂设计基准洪水位确定中的风暴潮评价［J］．海洋预报，2005，22（4）：60-65.

[19] 国家核安全局．HAD101/09. 滨海核电厂厂址设计基准洪水的确定［S］．北京：中国法制出版社，1990.

[20] 孙秀敏，张令戈．热电厂温排水排海环境影响预测方法及应用［J］．辽宁城乡环境科技，2001，21（1）：30-31.

[21] 陈晓秋，商照荣．核电厂环境影响审查中的温排水问题［J］．核安全，2007（2）：46-50.

[22] 金岚．水域热影响概论［M］．北京：高等教育出版社，1993：177-178.

[23] 邹继颖．长山热电厂温排水对库里泡水生生物影响的研究［D］．长春：东北示范大学，2007.

[24] 金岚．水域热影响概论［M］．北京：高等教育出版社，1993：177-178.

[25] 贺益英．对大水域电厂群温排水环境热影响研究的认识［J］．水利水电科技进展，2008，28（4）：27-29.

[26] 苗庆生，周良明，等．象山港电厂温排水的实测和数值模拟研究［J］．海岸工程，2010，29（4）：1-40.

[27] 殷建平，王友绍，等．大亚湾温跃层形成及其对相关环境要素的影响［J］．海洋通报，2006，25（4）：1-8.

[28] 苗庆生，周良明，等．象山港电厂温排水的实测和数值模拟研究［J］．海岸工程，2010，29（4）：1-40.

[29] 黄晓琛，陈雪初，等．滨海电厂温排水对海洋环境的影响研究进展［J］．海洋环境科学，2014，33（6）：973-977.

[30] 於凡，张永兴．滨海核电站温排水对海洋生态系统影响的研究 [J]．辐射防护通讯，2008（1）：1-7.

[31] 马胜伟，沈盎绿，等．水温对不同鱼类的急性致死效应 [J]．海洋渔业，2005（4）：298-303.

[32] 徐兆礼，张凤英，陈渊泉．机械卷载和余氯对渔业资源损失量评估初探 [J]．海洋环境科学，2007，26（3）：246-251.

[33] MauhewD A，Jensen L D，et. al. A Comparative Review of Entrainment Survival Studies at Power Plants in Estuarine Environments. Environ[J]. Sci. Polic，2000（3）：295-301.

[34] 金相灿，储昭升，等．温度对水华微囊藻及孟氏浮游蓝丝藻生长、光合作用及浮力变化的影响 [J]．环境科学学报，2008（1）：50-55.

[35] 郝彦菊，唐丹玲．大亚湾浮游植物群落结构变化及其对水温上升的响应 [J]．生态环境学报，2010，19（8）：1 794-1 800.

[36] Sandstroom，O，Abrahamisson I. Temperature Effects on Spawning and Egg Development in Eurasian Perch[J]. Fish Biology，1997，51（5）：1 015-1 024.

[37] 姜礼燔．热冲击对鱼类影响的研究 [J]．中国水产科学，2000，7（2）：77-81.

[38] 邹继颖．长山热电厂温排水对库里泡水生生物影响的研究 [D]．长春：东北示范大学，2007.

[39] 吴健，黄沈发，杨泽生．热排放对水生生态系统的影响及其缓解对策 [J]．环境科学与技术，2006（S1）：127-129.

[40] 李铁军，郭远明，等．舟山电厂二期工程余氯和机械卷载对渔业资源损失量评估 [J]．现代渔业信息，2011，26（8）：16-19.

[41] 晁敏，王云龙，沈新强．水温和余氯对黑棘鲷胚胎发育的影响 [J]．环境科学研究，2011，24（5）：559-563.

[42] 王晓萌，刘学海，等．海水淡化排海浓盐水对胶州湾盐度分布影响 [J]．海洋学报，2009，31（1）：44-51.

[43] 国家核安全局．HAD101/07. 核电厂厂址查勘 [S]．北京：中国法制出版社，1989.

[44] 国家核安全局．HAD101/05. 核电厂厂址选择中的放射性物质水利弥散问题 [S]．北京：中国法制出版社，1991.

[45] GB 3097—1997 中华人民共和国海水水质标准 [S]．北京：中国环境科

学出版社，2004.
[46] Suh SW. A hybird near-field/far-field thermal discharge model for coastal areas[J]. Marine Pollution Bulletin, 2001, 43(7-12): 225-233.
[47] Schreiner SP, et al. Testing the CORMAX model suing thermal plume data from four Maryland Power Plants[J]. Environmental Modelling and Sonware, 2002(17): 321-331.
[48] Carlos E, Romero, et al. Develop of an artificial neural network-based software for Prediction of Power Plant canal water discharge temperature[J]. Expert Systems with Applications, 29: 831-838.
[49] 杨纯．电厂温排水受纳水域传热与流动的数值计算 [N]. 上海电力学院学报，1995，11(2)：1-9.
[50] 吴碧君，吴时强．阳宗海电厂改建工程温排水对湖水温度预测及对水生生物影响分析 [J]. 电力环境保护，1996，12(4)：25-32.
[51] 韩康，张存智，等．三亚电厂温排水数值模拟 [J]. 清华大学学报：自然科学版，1998，17(2)：54-57.
[52] 王丽霞，孙英兰，等．三维热扩散预测模式 [J]. 青岛海洋大学学报，1998，28(1)：29-35.
[53] 孙秀敏，张令戈．热电厂温排水排海环境影响预测方法及应用 [J]. 辽宁城乡环境科技，2001，21(1)：30-31.
[54] 程杭平．热污染一、二维藕合模式及其应用 [J]. 水动力学研究与进展，2002，17(6)：647-655.
[55] 张继民．电厂温排水区流动特性分析及模式参数的研究 [J]. 东北水利水电，2005，23(253)：51-56.
[56] 曹颖，朱军政．基于 FVCOM 模式的温排水三维数值模拟研究 [J]. 水动力学研究与进展，2009，24(4)：432-439.
[57] 郑晓琴，堵盘军，等．热通量计算方法在开敞海域温排水模拟中的应用为以田湾核电站例 [J]. 海洋预报，2014，31(2)：80-87.
[58] 金玉休，朱龙海，等．小清河感潮河段与河口区温排水模拟及对地貌的响应 [J]. 海洋科学，2014，38(11)：74-83.
[59] 赵懿君，王靖宇，等．铁山湾内电厂温排水累积热影响数值模拟 [J]. 水利水电科技进展，2015，35(2)：47-51.
[60] 华祖林．电厂温排水对感潮河段环境水体影响预测研究 [J]. 电力环

境保护，1995，11（4）：17-22.

[61] 江洧，林佑金，等．潮汐河道冷却水工程试验研究方法及应用 [J]．广州大学学报（综合办），2001，15（11）：43-47.

[62] 曾平，李玉成，等．带自由表面三维非恒定紊流场的全场数值模拟 [J]．水动力学研究与进展，1995（5）：501-509.

[63] 杨海燕．具有潮流影响的电厂温排水排放试验研究 [J]．贵州水利发电，2005，19（1）：75-78.

[64] 陈华．后石电厂温排水的数学模型研究 [D]．厦门：厦门大学，2002.

[65] Arieli RN，et al. The effect of thermal pollution on benthic for aminiferal assemblages in the Mediterranean shore face adjacent to Had era power plant（Israel）[J]. Marine Pollution Bulletin. 2011（12）：1002.

[66] 常小军．胶州湾温排水数值模拟 [D]．青岛：中国海洋大学，2011.

[67] 蒋春风．感潮河段电厂温排水热影响范围的特征分析 [J]，河海大学学报，1990，18（6）：114-121.

[68] 王冠琳，熊学军．田湾海域温排水分布及变化规律分析 [J]．海洋科学进展，2013，31（1）：69-74.

[69] 盛连喜，孙刚．电厂热排水对水生生态系统的影响 [J]．农业环境保护，2000，19（6）：30-31.

[70] 潘明祥．核电站冷却水系统对渔业资源影响评估的建模 [J]．海洋通报，2000，19（5）：41-46.

[71] 林昭进．大亚湾核电站温排水对邻近水域鱼卵仔鱼的影响 [J]．热带海洋学报，2009，19（1）：44-51.

[72] 肖继春，王志民，刁力．航空热红外遥感用于电厂冷却池水体表面温度场的调查 [J]．国土资源遥感，1990，1（4）：53-58.

[73] Tang D，et al. AVHRR satellite remote sensing and shipboard measurements of the thermal plume from the Daya Bay[J]. nuclear power station，China，Remote Sensing of Environment，2003，84（4）：506-515.

[74] 王迪峰，龚芳，等．海监航空遥感平台及其在近海水体环境质量检测中的应用 [J]．海洋学报，2009，31（2）：49-56.

[75] 贺佳惠，梁春利，李名松．核电站近岸温度场航空热红外遥感测量数据处理研究 [J]．国土资源遥感，2010，85（3）：51-53.

[76] 傅金龙，苗永生，周世锋．海洋功能区划的理论与实践 [M]．北京：海

洋出版社，2004.

[77] 于宁．我国核电站近岸海域环境功能区若干问题研究［D］．青岛：中国海洋大学，2010.

[78] Mao X-H. Discussion on the index of water temperature in GB 3838—2002[J]. Water Resource Research, 2009, 30(1): 41-43.

[79] Chen X-Q, Shang Z-R. The issue of thermal discharge in reviewing the environmental impacts report for nuclear power plant[J]. Nuclear Safety, 2007(2): 46-50.

[80] 张穗，黄洪辉．大亚湾核电站余氯排放对邻近海域环境的影响［J］．海洋环境科学，2000，19(2)：14-18.

[81] 环境保护部，国家质量监督检验检疫总局．GB 6249—2011．核动力厂环境辐射防护规定［S］．北京，中国环境科学出版社，2011.

[82] Coutant C C, Talmade S S. Thermal effects[J]. Journal-Water Pollution Control ederation. 1977, 49(6): 1 369-1 425.

[83] 常向东，周本刚．我国沿海核电厂地震海啸影响分析［J］．核安全，2011(4)：45-49.

[84] 张爱玲．对滨海核电厂防洪评价中海啸影响的一些认识［J］．核安全，2008(4)：28-32.

[85] Synolakis, C. The runup of solitary waves[J]. Journal of Fluid Mech, 1986, 185(12): 523-545.

[86] Hsiao, S. -C. , et al. On the evolution and run-up of breaking solitary waveson a mild sloping besch[J]. Coastal Engineering, 2008, 55(12): 975-988.

[87] 丁全林，汪德爟，等．陡墙上孤立波爬高的 LBM 模拟［N］．水利学报，2010(8)：991-996.

[88] 宋会平．海啸灾害的预警信息传播机制研究［D］．武汉：华中师范大学，2008.

[89] 王君成，于福江，等．基于海啸浮标数据反演的海啸数值预报方法的初步研究［J］．海洋预报，2012，29(5)：1-8.

[90] 谢骏箭，周鹏，等．我国海洋核事故应急监测与环境评价所面临的问题及对策［J］．海洋环境科学，2015(4)：622-629.

[91] 张华明，李兴亮，等．裂变放射性核素 ^{90}Sr、^{137}Cs 分离的研究进展［J］.

同位素，2009，22（4）：237-246.

[92] 国家海洋局．海洋污染调查暂行规范［S］．北京：国家海洋局，1979.

[93] 国家海洋局 908 专项办公室．我国近海海洋综合调查与评价专项技术规程［S］．北京：海洋出版社，2006.

[94] 周鹏，李冬梅，等．海洋环境放射性监测的数据处理中存在的问题［J］．海洋通报，2011，30（5）：544-550.

[95] 国务院办公厅．国家海洋局主要职责内设机构和人员编制规定国办发〔2013〕52 号［S］．北京：国务院办公厅，2013.

后记

当书稿即将完成之时，已夜深人静，面对着冰冷的电脑，我心中却倍感温暖，感慨万千，回头遥想这三年来的博士生涯，其中艰辛历历在目。遥想曾经遇到困难或瓶颈时，为何总能一路坚持，充满信心？这都来自于我对本学科的热爱与追求，来自于三年博士求学生涯的探索与磨练，更得益于我的恩师、家人及同学的支持与帮助。

我师从郭佩芳先生，自硕士阶段起即求学于先生门下，多年来聆听教诲，耳濡目染，在学识和做人方面都获益颇丰。先生以严谨的治学之道、精益求精的要求，宽厚仁慈的胸怀、积极乐观的生活态度，为我树立了一生学习的典范。他的教诲与鞭策将激励我在今后的道路上励精图治，开拓创新。可以说，先生是我前行中的引路人，是我精神上的坚强后盾；我的师母彭女士温婉而大气，在学习和生活上给予了我太多的帮助，让我真切感受到家人般的温暖。

“我们要认真对待每一个问题，找准方向，坚持努力研究下去。”这句话是侍茂崇老先生经常教诲我的一句话，就是因为这句话让我学会了坚持，学会了认真。先生治学严谨的作风，丰富广博的学识，精辟独到的见解都让我受益匪浅。侍老师不仅在学业方面，在做人方面也为我树立了作为一名人民教师的宽厚待人的品质和教书育人的榜样。师母赵老师，虽年事已高，但对我的帮助与鼓励却毫不吝啬。他们让我感动至极，任何言语都不足以表达我对恩师和师母的感激之情。

在此，我还想特别感谢一下实验室的师兄、师弟、师妹们，尤其是石洪源、曹雪峰两位师弟，当我遇到困难时他们总是鼎力相助，正是由于他们在学习、研究和精神上对我的支持和帮助，才能使得我能顺利完成书稿。在此，我向他们表以深深的感谢。

最后，我想向家人表达我深深的歉意与感谢，是他们多年来对我学业上毫无怨言的支持，才能使我安心学业。这些年来，父母满头的白发与满脸的皱纹，无不凝聚着替我分担的精神及物质压力，而我的爱人则承担了全部的家庭事务及照看孩子等琐事。是家人的无私支持与贡献为我消除了一切后顾之忧，当我举步维艰时，是他们的爱给了我前行的勇气和信心。

前面的路还很长，我会带着所有人的爱和鼓励继续前行……

吴 琼

2017 年 4 月